网络地理信息系统
用户行为分析与智能服务

李 锐 著

科学出版社

北京

内 容 简 介

本书系统科学地研究网络地理信息服务中用户访问行为规律及其服务需求奠定用户行为驱动的、需求导向的地理信息智能服务方法。这将会是发展地理信息"以人为本"主动、高效、智能服务的新思路。本书以网络地理信息系统的用户行为分析与信息服务智能优化为主线，首先介绍网络地理信息系统基本概念、发展历程和特点，提出网络地理信息系统用户行为的模式挖掘、模型分析理论基础，详细阐述地理信息数据缓存、负载均衡策略、服务时间预测等服务优化方法，最后对网络地理信息系统面临的挑战与发展方向进行总结和展望。

本书可供从事地理信息系统、空间信息分析、地理信息智能服务等研究的学者及工程技术人员参考，也可供从事相关专业研究的师生阅读。

审图号：GS 京（2024）1189 号

图书在版编目（CIP）数据

网络地理信息系统用户行为分析与智能服务/李锐著. —北京：科学出版社，2024.6
ISBN 978-7-03-078538-1

Ⅰ.① 网… Ⅱ.① 李… Ⅲ.① 地理信息系统-用户-行为分析 Ⅳ.① P208.2

中国国家版本馆 CIP 数据核字（2024）第 101673 号

责任编辑：徐雁秋/责任校对：高 嵘
责任印制：彭 超/封面设计：苏 波

科 学 出 版 社 出版
北京东黄城根北街 16 号
邮政编码：100717
http://www.sciencep.com

武汉市首壹印务有限公司印刷
科学出版社发行　各地新华书店经销
*

开本：787×1092　1/16
2024 年 6 月第 一 版　印张：12
2024 年 6 月第一次印刷　字数：285 000
定价：145.00 元
（如有印装质量问题，我社负责调换）

前言

人类社会活动中的大部分信息与地理空间位置相关，地理数据的信息化建设和开发利用与国土规划、城市建设、环境保护、商业经济等领域的发展息息相关。同时，伴随云计算和移动互联网等技术发展，动态融合多源时空数据、大力发展用户行为驱动的网络地理信息系统及网络地理信息智能服务，是提高政务服务效率、社会治理能力和公众信息服务质量的内生动力。各类应用环境下用户显性/隐性需求的多模态化、数据计算的复杂密集、服务应用的多级协同等，使主动、高效的网络地理信息系统及其智能服务面临着巨大挑战。

本书引入基于用户访问行为理解的网络地理信息智能服务方法，结合近年来地理信息领域在网络地理信息系统用户行为模式挖掘、用户行为模型分析、行为模式牵引的数据缓存策略、负载均衡等服务优化方法诸多方面的研究，探索了如何基于网络地理信息系统用户行为特征及模式，突破当前网络地理信息系统用户需求不明朗、服务资源效用不足、服务拥塞失衡等瓶颈问题，实现网络地理信息服务"以人为本"的主动、高效、智能全面升级。本书在理论上提出了网络地理信息系统用户时空行为规律认知方法，在技术上实现了网络地理信息动态组织与服务优化技术体系。

本书的出版得到了国家自然科学基金项目"云 GIS 中区域特征的用户行为研究及服务资源需求预测"（编号：41771426）、"基于群体用户密集访问模式的网络地理信息并发服务方法研究"（编号：41371370）、"基于空间数据访问 Zipf-like 分布规律的集群缓存方法研究"（编号：41071248）、"多源数据支持的特大城市高时空分辨率人口分布估计与人口流动感知"（编号：U20A2091）的资助。本书的成稿依赖于研究团队的共同努力，团队成员包括郭锐、冯蔚、樊珈珮、王新兴、石小龙、周振、沈雨奇、刘朝辉、董广胜、蔡晶、王顺利、陈文静、李茹、刘广禹、刘欣瑞、王俊豪、夏晶、杨孝锐、李博森、李延昊等。蔡晶、刘广禹、刘欣瑞、王俊豪等全程参与本书文字整理、插图修改与完善，在此表示感谢。同时，还要感谢北京建筑大学蒋捷教授、国家基础地理信息中心黄蔚主任、张红平高工等对本书研究工作的大力支持，感谢武汉大学及测绘遥感信息工程国家重点实验室为相关研究的开展和本书的出版提供了便利条件。

由于时间和研究水平有限，书中难免存在疏漏和不足之处，敬请各位同行专家和读者及时给予批评指正。

李 锐

2024 年 2 月于武汉大学

目录

第 1 章

绪　　论

　　随着网络地理信息系统（web geographic information system，Web GIS）的蓬勃发展，用户行为分析、需求理解与智能服务成为推动系统演进的关键要素。在信息爆炸的时代，用户对地理信息的需求呈现多样化和个性化的趋势，因此深刻理解用户行为、精准分析其需求已经成为设计智能服务不可或缺的基础。本章简要介绍网络地理信息系统的用户行为分析与智能服务背景、研究意义，总结地理信息科学、计算机科学、通信信息科学等领域对网络地理信息系统用户行为分析与智能服务的相关研究工作进展，以及网络地理信息服务面临的挑战。

1.1　用户行为分析与网络地理信息服务

人类社会活动中的大部分信息与地理空间位置相关，各个国家都高度重视地理数据的信息化建设和开发利用。我国也将地理信息作为国家战略性信息资源，加强我国地理信息资源开发利用技术，提升我国地理信息集成和服务能力是建设"数字中国"的重要组成部分。同时，国民经济信息化建设的快速发展促进了各行各业在地理空间数据上共建共享，使得共建网络地理数据、共享智能网络地理信息高效智能服务的需求日益高涨。

网络地理信息系统是指在网络环境下的一种计算、分析、处理和展示地理空间信息的计算机系统。它的发展得益于各学科和技术的发展与壮大。地理信息科学技术、数据库存储技术、网络与通信技术的快速发展为网络地理信息系统的技术革新提供了坚实的技术支撑。网络地理信息服务主要包括地理空间数据发布、地理空间数据查询检索、空间模型计算、专题数据计算与服务等。例如：国家地理信息公共服务平台（天地图）2020 版实现了全国 31 个省级节点、183 个市级节点与国家级节点的数据融合，达到了国家级、省级、市（县）级数据在线实时更新，更新了 2 m 分辨率遥感影像 10 000 万 km^2，提供了 1∶25 万公众版基础地理信息数据交通、水系、居民地、地名地址等数据层的分幅下载服务，支持用户在线制作个性化地图，新增了三维地形和三维地名应用程序接口（application programming interface，API）。

网络地理信息系统的用户行为分析不同于现实物理世界中的用户行为分析。它是指用户在使用网络地理信息服务中的行为，不局限于用户对网络地理空间信息的查询、对网络地理信息的访问、浏览等行为。网络地理信息系统的用户行为分析是创建"以人为本"的网络地理信息智能高效的理论基础，是优化数据缓存策略、负载均衡策略等服务方法，提高网络地理信息服务质量和效率的实践指南。

1.2　网络地理信息服务相关的科学领域

1.2.1　地理信息科学

地理信息科学与网络地理信息服务之间存在密切的关联，它们相互促进，推动彼此发展。一方面，地理信息科学致力于采集、整理、管理和处理各种地理数据，包括地理位置、地形地貌、环境数据等。网络地理信息服务为地理信息科学提供了一种快速、方便和高效的方式来获取、传输和共享地理数据。网络技术的发展使得海量的地理数据可以通过网络进行传输和存储，同时也提供了强大的计算能力和数据处理工具，有助于地理信息科学的数据处理和分析。另一方面，地理信息科学提供空间分析和决策支持，网络地理信息服务提供了分布式计算、云计算和大数据处理等技术，可以进行复杂的空间分析和模拟，为地理信息科学的研究和应用提供了强大的计算能力和决策支持工具。

网络地理信息服务是地理信息科学的一个重要组成部分，为地理信息科学的研究、应用和交流提供了技术支持和平台。两者相互促进和影响，共同推动了地理信息科学的学科发展和应用推广。

1.2.2 计算机信息科学

计算机网络体系结构与分布式计算技术是网络地理信息系统的重要标识。网络地理信息服务所处理的地理空间信息呈现海量、分布等特征。"网络化"是地理信息系统（geographical information system，GIS）在发展历程和发展趋势中最重要的特点。从局域网到广域网，从互联网到无线网络，从集中式或基于主机的计算模式（host based computing model）、文件服务器计算模式（PC/file server based computing model）发展为客户、服务器模式（client/server）、浏览器/服务器模式（browser/server）、Web 服务和网格计算模式到现在的分布式计算模式，计算机信息科学的发展深刻影响甚至改变网络地理信息系统的数据存储策略、服务策略和服务质量。

计算机信息科学的发展为网络地理信息服务提供了数据处理、存储、传输和用户交互等方面的支持，促进了网络地理信息服务的发展与应用。同时，网络地理信息服务的需求也推动了计算机信息科学的创新与进步，使其在地理信息领域发挥着重要的作用。

1.2.3 通信信息科学

通信信息科学的进步促进了全球定位系统（global positioning system，GPS）等定位技术的发展，这对网络地理信息服务的定位和导航功能至关重要。通过将通信技术和定位技术结合，网络地理信息服务可以提供精确的位置定位和导航服务，有助于用户准确获取所需地理信息。通信信息科学研究数据传输和处理的技术及算法。网络地理信息服务需要处理大量的地理数据，包括地图、卫星图像及其他地理信息。通信信息科学的发展提供了高速数据传输和处理能力，使网络地理信息服务能够快速处理和传输大量的地理数据。

通信信息科学的发展对网络地理信息服务的实现和提供起到了关键的推动作用。通过通信技术、位置定位与导航、网络覆盖与连接性以及数据传输与处理等方面的支持，网络地理信息服务能够更好地满足用户对地理信息的需求，并为各行各业的决策和规划提供支持。

第 2 章

网络地理信息服务与用户行为
分析的基本理论

网络地理信息服务的智能化水平与用户行为分析具有密切的联系。本章对网络地理信息服务中的基本概念进行阐述，并对网络地理信息服务的发展历程进行简要梳理，给出网络地理信息服务及用户行为分析的特点。在此基础上，探讨用户行为分析与智能服务的关系，并对潜在的应用领域进行介绍。

2.1 基本概念

2.1.1 网络地理信息系统

网络地理信息系统是在网络环境下的一种存储、处理和分析地理信息的计算机系统，是传统地理信息系统在网络上的延伸和发展。网络地理信息系统不仅可以实现空间数据的检索、查询、制图输出、编辑等 GIS 基本功能，同时也是互联网上地理信息发布、共享和交流协作的基础（孟令奎，2010）。网络地理信息系统的主要功能包括空间数据发布、空间查询与检索、空间模型服务、Web 资源组织等。与传统地理信息系统相比，网络地理信息系统具有以下特点。

（1）开放性、互操作性和分布性。在异构环境下，用户能够屏蔽软硬件平台的差异，实现不同用户间的访问、不同应用与数据源之间的直接通信，以及对分布的源数据、应用程序协同处理。

（2）广泛的客户访问范围。分布式系统使得用户和服务器可以分布在不同的地点和不同的计算机平台上，从而使全球范围内任意一个 WWW 节点的用户可以同时访问网络地理信息系统。

（3）可扩展性和平台独立性。在通用的 Web 浏览器中，更容易与网络中的其他信息服务无缝集成，使用户可以透明地访问网络地理信息系统数据。在本机或某个服务器上进行分布式部件的动态组合和空间数据的协同处理与分析，实现远程异构数据的共享。

（4）平衡高效的计算负载。能充分利用网络资源，将基础性、全局性的处理交由服务器执行，而对数据量较小的简单操作则由客户端直接完成。这种计算模式能灵活高效地寻求计算负荷和网络流量负载在服务器端和客户端的合理分配。

常规的网络地理信息系统架构体系主要由三部分组成，数据库、GIS 服务器和 Web 服务器（图 2.1）。其中，数据库用于存储地理信息数据，如矢量数据、栅格数据等。GIS 服务器用于向前端提供网络地图服务（web map service，WMS）、网络要素服务（web feature service，WFS）、网络覆盖服务（web coverage service，WCS）等服务。Web 服务器则用于调取 GIS 服务器所提供的开放地理空间信息联盟（Open Geospatial Consortium，OGC）标准服务，并在前端进行渲染展示。

2.1.2 用户行为

随着互联网技术和服务的发展，用户行为模式分析成为网络服务优化研究的重要方向之一。广义上，用户行为指用户与互联网之间的交互事件，即用户在使用互联网产品或服务时所展现出的行为方式和习惯，包括用户的搜索、点击、浏览、购买、评

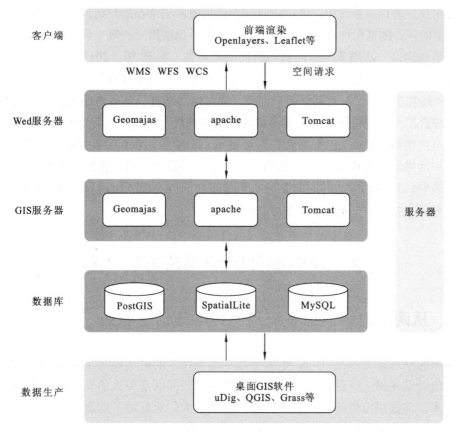

图 2.1　网络地理信息系统架构体系

论、分享等各种行为，其由时间、地点、人物、交互和交互内容 5 个元素构成。

在网络地理信息系统中，用户行为主要包括用户的浏览、搜索、点击等行为，统称为用户访问行为。用户访问行为继承了广义用户行为的组成结构，同时也与地理信息系统服务功能相关。网络地理信息系统中的用户访问行为包括用户浏览、用户搜索和用户数据请求等访问操作。

（1）用户浏览行为是指用户在窗口中使用浏览器访问网络地理信息系统以获取地图瓦片的过程。随着窗口的移动，瓦片被逐次请求，浏览器窗口的运动轨迹即为用户浏览行为轨迹。在浏览过程中，受用户兴趣变化的驱动，用户会自发进行放大、缩小地图瓦片，平移浏览窗口及点击特定地图瓦片等访问操作。

（2）用户搜索行为是指用户在网络地理信息系统中使用搜索引擎或其他搜索工具以查询并获取目标地理信息的过程。相较于用户浏览行为，用户搜索行为更能反映用户的主观兴趣，其通过空间查询或属性关键词查询等访问操作获取目标信息。

（3）用户请求行为是指用户在地理信息系统中点击特定地图瓦片或搜索结果的行为。用户的点击结果通常反映了用户对特定信息或资源的兴趣，点击顺序或频率反映了用户对地图瓦片的关注程度，其通常与用户查询、用户数据请求等访问操作密切相关。

在网络地理信息系统中，用户访问行为信息通常记录在用户访问日志中，包括用户ID、浏览时间、浏览瓦片和访问操作类型等信息。识别用户的每一次浏览行为，最有效的方法是利用每一次浏览的时间戳的时间间隔特性（何波 等，2011）。对个体用户而言，用户在地理信息系统中的一系列访问行为和操作具有个体特异性，其与用户个体的需求、兴趣和意图有关。对群体用户而言，针对网络地理信息系统的访问行为具有累积效应，综合了个体的特异性而表现为群体行为的共性，因而具有特定的群体特征。

针对网络用户行为，已有学者在网络浏览（张涛 等，2020）、在线服务（彭清涛 等，2021）和网络通信（杜坤凭 等，2013）等方面展开研究。用户在网络地理信息系统中的活动表明，行为对应的时间间隔分布和等待时间分布显示出明显的重尾特征，且能用幂律分布来描述（You et al.，2021）。

2.2　网络地理信息系统发展历程

2.2.1　从网络地理信息系统到网络地理信息服务

美国前副总统戈尔在 1998 年关于数字地球技术的讲话提高了人们对地理空间信息的价值及其在网上提供并可以被全球许多用户查阅的必要性的认识。他指出，数字地球技术能够提供宝贵的地理空间信息，并帮助人们更好地了解我们的地球。戈尔认为，数字地球技术可被应用于各个领域，包括虚拟外交、打击犯罪、保护生物多样性、预测气候变化和提高农业生产力。二十多年来，技术和协作环境得到了巨大的发展，包括数字地球、高速通信网络、移动无线网络、基于位置的服务、云计算和网络地理信息系统在内的技术将人和信息联系在一起。

地理信息又称为空间信息，是描述事物空间特征和属性特征信息的集合，它与人们的生活息息相关，成为人们认识世界、改造世界不可缺少的媒介。在人类产生的所有信息中，80%都与地理信息有关。地理信息系统是一种采集、存储、管理、分析和表达空间数据的信息系统（边馥苓，1996），其外观表现为计算机软硬件系统，是广泛应用于各领域的基础平台。伴随着信息技术在全球范围内的飞速发展，万维网成为全球性的信息发布渠道，分布式计算的优势也逐渐显现。作为处理具有天然分布特征的地理信息的 GIS 与分布式技术结合成为必然趋势。于是，基于网络信息技术的网络地理信息系统应运而生（李丹，2007）。但是，随着地理信息的有效管理、共享和远程数据访问的网络地理信息服务需求的急剧增加，传统网络地理信息系统暴露出数据共享（张望，2009）和互操作（韩海洋 等，1999）难以实现、形成大量"地理信息孤岛"等问题。

新的用户需求不断发展，并在进一步的技术开发中得到了满足，这反过来又带来更广泛的使用，并增加了用户的需求，从而形成技术开发和用户应用程序增长和扩展的迭代周期。随着 Internet 技术的发展，网络地理信息服务的发展越来越快，引发了一波新的信息革命浪潮，使得软件工业由集中式、模块化、对象化、组件化转向服务化（徐卓揆，2012）。网络地理信息服务的出现，提升了地理信息系统的开放和共享程度，成为地理信息共享和互操作的重要途径和发展趋势。地理信息系统与计算机技术天生的紧密联系使其紧紧跟随着信息技术的发展过程。Web 服务为网络地理信息服务的发展注入了新的活力，完成了从网络地理信息系统到网络地理信息服务的转变。这个转变是地理信息发展的必然趋势，其主要受应用需求驱动，同时 Web 技术的进步和新发展为其提供了技术基础。网络地理信息服务技术将发展成一门"服务"技术，是一种面向服务的地理信息系统，即网络地理信息服务。

2.2.2 网络地理信息服务的研究与应用

网络地理信息服务的研究起源于 20 世纪 90 年代初发起的 OpenGIS 运动。1994年，非营利性组织 OGC 成立，该组织致力于空间信息共享与互操作研究。OGC 作为全球最大的空间信息互操作规范的制定者和倡议者，在参照 ISO/TC211 标准的基础上制定或建议网络地图服务（web map service，WMS）、网络地图瓦片服务（web map tile service，WMTS）、网络覆盖服务（web coverage service，WCS）、网络要素服务（web feature service，WFS）、网络处理服务（web processing service，WPS）等一系列地理信息服务规范，如表 2.1 所示（Open Geospatial Consortium，2006）。这些规范使地理数据的部署、发布和可视化实现共享和互操作的标准化，迅速获得了包括知名企业在内的广大厂商和政府部门的广泛支持。

表 2.1　OGC 指定的地理信息服务规范

规范名称	描述	服务类型
OGC 网络地图服务（WMS）	网络地图服务用于提供按地理配准的地图图像,用于以地图图像的形式提供图层集合。WMS 也可包含样式化图层描述符,用于指定 WMS 图层的符号化和描绘方式	地图服务、影像服务
OGC 网络地图瓦片服务（WMTS）	网络地图瓦片服务提供预先生成的地理配准的地图图像。WMTS 可包含一个或多个样式、维度或瓦片方案,以指定 WMTS 图层的显示方式,用于以缓存地图瓦片的形式提供地图图层	地图服务、影像服务
OGC 网络覆盖服务（WCS）	用于以栅格 coverage 的形式提供数据。网络覆盖服务提供栅格数据和像元值,如 DEM 的高程值或多波段图像的像素值	地图服务、影像服务、地理数据服务
OGC 网络要素服务（WFS）	用于以矢量要素的形式提供数据。网络要素服务使用 GML 配置文件提供、查询和更新要素几何和属性	地图服务、地理数据服务
OGC 网络处理服务（WPS）	用于提供地理空间处理功能	地理处理服务

注：DEM：digital elevation model，数字高程模型；GML：geographic markup language，地理标记语言

在地理信息服务的实践研究方面,1998 年加拿大卡尔加里大学启动名为 GeoServerNet 的研究项目，探索如何分布和集成 Internet 上的 GIS 服务，也是基于分布式对象技术

实现的 GIService。Tsou 等（1998）开始探索利用 Agent 来实现 GIService，并详细阐述了基于 Agent 的 GIService 的理论和技术框架。

21 世纪以来，网络地理信息服务成为 GIS 的热点，也是各大厂商竞争的焦点。几个主要的国外 GIS 厂商竞相发布了各自的产品和解决方案，其中最典型的企业级解决方案是 ESRI 公司提供的 ArcGIS Server，它支持 GML3.0 相关规范以及 OGC 的 WMS 和 WFS 接口，通过其 Web Application 和 Web Services 构架，在 B/S 模式下，可在不同 IE 浏览器中获得类似 ArcInfo 的专业空间数据管理和 GIS 分析功能，使 GIS 应用系统在分布式环境下的数据共享和互操作成为可能。ArcGIS Server 还提供后台服务功能扩展机制，支持 ArcGIS Engine 开发组件包对其进行空间数据管理和分析功能扩展，区别于 ArcIMS 智能在客户端和连接器端进行浅层次的功能地址和表现层的客户化（彭子凤 等，2007）。另外，MapInfo 公司推出的 MapXtreme 也是典型的网络地理信息服务平台，它有 for windows、for .NET 及 for JAVA 三个版本。在商业应用方面，典型应用包括 ESRI 公司的 ArcWeb Service、基于.Net 的网络地理信息服务 MapPoint，Microsoft 的 Terra Server 影响数据服务器，Google 的 Google Earth 等。

由于 Web 服务结合了组件和 Web 技术的优势，具有良好的互操作性、松散耦合性及高度的可集成能力等特征，尤其是 OGC 与 ISO/TC211 等国际组织对空间网络服务卓有成效的标准化工作，使得国内基于网络技术的网络地理信息服务研究迅速发展。研究主要集中在基于 GML 和可缩放矢量图形（scalable vector graphics，SVG）的空间信息表达与可视化（周文生，2002）、地理信息服务的框架与关键技术（林绍福，2002）、面向服务的空间数据互操作（龚健雅 等，2004）、空间网络服务连接模式和空间元数据服务技术（王浒 等，2004）等方面。在开发应用方面，典型的国内网络地理信息服务开发平台有 SuperMap IS、GeoSurf 和 GeoBeans 等。

早期的网络地理信息服务经历了静态地图发布、静态网络地理信息服务和交互式网络地理信息服务等阶段。近年来，以下三大因素构成网络地理信息服务发展的基础：一是在免费卫星图像的发布和重大灾害事件发生的推动下，利用测绘和地理信息系统技术来管理和应对此类事件，使得公众对地理信息系统的认识显著提高；二是新的互联网技术，即异步 JavaScript 和 XML（asynchronous JavaScript and XML，AJAX）以及地图瓦片技术的产生，两者都侧重于减少网络地图的响应时间；三是基于无线网络的位置服务，使用户能够移动地访问地理信息系统和制图。

2.2.3　网络地理信息服务的发展

各国政府和组织高度重视网络地理信息服务平台的基础性与战略性作用，纷纷加大投入力度，一系列的建设计划极大促进了网络地理信息公共服务平台的发展（表 2.2）。网络地理信息服务的发展历程可以追溯到 20 世纪 80 年代。随着计算机技术和卫星遥感技术的发展，地理信息技术开始在全球范围内得到广泛应用。

表 2.2　国家或组织间网络地理信息公共服务平台建设

国家/组织	平台名称	建立年份	用途
美国	国家空间数据基础设施（NSDI）	1994	协调基础地理空间数据集的收集、管理、分发和共享的基础设施
英国	数字国家框架（DNF）	2000	集成的政府部门数据集
欧盟	欧盟空间信息基础设施（ISPIRE）	2007	建立欧盟统一的空间信息基础设施，实现有关环境空间信息在全欧盟范围内的共享，便于跨区域的政策决策及应用
地球观测组织（GEO）	全球地球综合观测系统（GEOSS）	2005	一套协调、独立的地球观测、信息和处理系统，它们相互作用，为公共和私营部门的广泛用户提供获取各种信息的机会
中国	天地图	2011	集成来自国家、省、市（县）各级测绘地理信息部门，以及相关政府部门、企事业单位、社会团体、公众的地理信息公共服务资源，向各类用户提供权威、标准、统一的在线地理信息综合服务

美国政府于 1993 年启动"国家信息基础设施"（National Information Infrastructure，NII）建设，又于 1994 年签署建立"国家空间数据基础设施"（National Spatial Data Infrastructure，NSDI）的总统令，将地理空间信息纳入 NII 中。在此基础上，于 2009 年签署了《透明和开放的政府》备忘录并于同年发布了"开放政府计划"网站（data.gov），要求所有联邦机构在 data.gov 上发布高价值数据集供民众查询和使用。为推进 NSDI 的深入应用，美国政府 2011 年又启动了"地理空间平台"（Geospatial Platform）计划，将 NSDI 的成果与 data.gov 衔接，提供深层次在线服务。2013 年 12 月，为应对物联网、高性能计算、大数据、通信等领域的发展，发布了新的《国家空间数据基础设施（NSDI）战略规划（2014—2016 年）》（Goodchild et al.，2007）。

英国政府 2000 年开始建设数字国家框架（digital national framework，DNF），2010 年发布政府数据共享网站 data.gov.uk，基于 DNF 集成了大量来自各政府部门的数据集，并承诺使之制度化。

欧盟 2007 年颁布法令建设欧盟空间信息基础设施（infrastructure for spatial information in the European Community，ISPIRE），计划通过规范元数据、定义网络服务协议、融合关键技术集、制定共享规则等推进欧盟范围地理空间信息共享。当前，已有 31 个国家参与，建立了统一服务平台，支持地理空间、地质、生态环境相关数据的共享与服务。

为加强地球可持续发展，主要发达国家和发展中国家于 2005 年建立了政府间多边科技合作机制——地球观测组织（Group on Earth Observation，GEO），并启动全球地球综合观测系统（global earth observation system of systems，GEOSS）建设。GEOSS 的主要目的是集成各类地球观测数据，通过基于互联网的地理观测数据门户网站（http://www.geoportal.org/）和基于卫星通信的地球观测数据分发平台（Geo Net Cast），向用户提供覆盖观测数据和应用产品服务。

经过二十余年的努力，我国已经完成 1∶5 万、1∶25 万、1∶100 万 3 个尺度国家级基础地理信息数据库建设（王东华 等，2015），并能够每年发布一个新版本。省级、市级更大尺度的基础地理信息库的建设也取得显著进展，为国家经济建设、社会发展、国防建设提供了可靠保障。为应对信息社会发展的需求，英美等主要发达国家和国际组织都积极建设网络地理信息共享与服务平台，我国也于 2011 年发布了国家地理信息公共服务平台"天地图"，在推进地理信息资源共享与应用方面发挥了巨大作用。

2.3 网络地理信息服务特点

2.3.1 标准性

网络地理信息服务采用统一的数据和网络处理服务以及传感器观测服务的标准和接口规范，例如开放地理空间联盟（OGC）、万维网联盟（W3C）和网络服务的 ISO 标准，这些标准与规范有力地保障了分布式异构节点服务的一致性与规范性。用户可以通过统一的地理信息管理规范和标准的服务接口，方便地使用和集成这些服务。

2.3.2 主动性

基于用户行为模式、用户行为的外在与内在影响因素，驱动网络地理信息服务，增强用户行为规律和地理信息服务资源的协同性。群体用户对网络地理信息服务的访问具有一定的行为模式，这些行为模式受到内在动力机制和外在因素的影响，决定着群体用户对网络地理信息服务的访问兴趣。利用实时用户日志动态分析用户时间空间分布与访问行为特征，根据分析的结果定期自主优化分布式数据中心的全局负载均策略，同时根据服务器集群节点能力优化单个数据中心内部负载均衡策略，从而基于用户行为优化服务性能，为用户提供便捷的查询和分析工具，并及时反馈用户的意见和建议，不断改进服务质量。

2.3.3 开放性

网络地理信息服务面向多元服务应用场景和不同领域的用户，不同领域的用户具有不同需求。网络地理信息服务的开放性意味着地理信息资源可以在不同领域之间公开共享、发现和访问，不同领域的任务可以使用开放资源公开执行。网络地理信息服务为用户提供高质量、可靠的地理数据，并允许用户在遵守相关法律法规的前提下，共建共享地理数据资源、存储资源、网络资源和服务资源。网络地理信息服务的开放性可以促进地理信息应用的创新和发展，提高地理信息服务的效率和质量，同时也有助于提升地理信息领域的公共利益和社会价值。

2.3.4 时效性

当前传感网和物联网的发展带来了日益丰富的实时动态数据，已经成为智慧城市决策服务及各类应急减灾的基本数据源。地理信息公共服务从单纯的空间数据服务发展到时空数据服务，从静态地理数据的共享到广泛连接传感网的实时动态数据的服务。海量的实时动态数据扩展了网络地理信息公共服务的时间维度，保证了服务的时效性。

2.3.5 安全性

网络环境下地理信息公共服务数据的规格形态，以及规模化快速生产与更新工艺，既要能支持地理信息与各行业信息的空间关联，又要能确保多种网络环境下在线服务地理信息的时效性、多样性和安全保密性。针对网络地理信息服务业务特点提供完整配套的企业版的网络防护、防病毒、安全检测、漏洞扫描、拦截网络爬虫和抵御黑客攻击等安全服务。建立网络层和应用层全覆盖的防御体系。实时监测各类网络攻击，根据网络攻击的时间空间分布与攻击行为类型实现自动发现、自动报警、自动防御和智能分析的全联动体系，并主动学习发现未知攻击与漏洞，自动优化网络安全策略，实现网络地理信息服务平台的无人值守运行。

2.4 网络地理信息系统的用户行为分析特点

传统意义上，用户就是信息的接收者，即用户是信息传播的最终环节，但是在Web 2.0 时代，社会成员或者组织在获取并利用信息的同时，也伴随着新的信息产生和传播，表现为用户与信息、用户与用户之间的交互作用机制，因此当社会成员或者组织通过一定的途径获取信息或者进行交互时，均称为用户。用户在网络地理信息服务平台上浏览、查询、搜索信息时会产生一系列的操作行为，这些数据记录了用户"从哪里来""到哪里去""做了什么""如何做的"等，这是认知用户兴趣偏好和行为模式的重要资源，是衡量地理信息服务网站使用状况，提高网站可用性，实现个性化服务的重要依据（张晶，2015）。网络地理信息系统的用户行为分析具有以下特点。

（1）位置服务信息突出。网络地理信息系统的用户行为数据与一般的用户行为数据的不同之处在于其含有丰富的位置服务信息。网络地理信息系统的用户通常会通过特定的空间范围内的检索、查询等操作来获取所需的信息。这导致具有相同地理归属的用户、访问相同地理归属内容的用户都具有相似的访问偏好、访问规律。因此，用户的行为具有明显的空间特性，可以通过空间维度来进行分析。同时，位置服务信息是多源异构数据结合分析的天然连接点，为多角度理解用户行为提供了技术保障。

（2）时空多尺度。用户行为在网络地理信息系统中具有空间尺度和时间尺度。从空间尺度来看，城市间、城市内的用户行为具有不同访问规律和访问内容偏好。例如，从空间尺度看，用户访问存在显著的热点区域，且热点区域的尺度集中在一定分辨率的瓦片层级。在该层级下，用户可以在热点区域地图信息的完整性和细节性间有很好的平衡。从时间尺度来看，用户行为在长时间尺度下具有较强的周期性，短时间粒度下具有爆发性。例如，用户的访问模式长期看存在工作日模式和节假日模式。在短时间粒度下，小部分热点区域的出现或消失受到用户访问兴趣变化的影响，仅在较短时间内出现或消失，存在爆发性特征。因此，在进行网络地理信息服务的用户行为分析时，需要考虑不同尺度下的特点和规律，以便更好地理解和预测用户行为，提高服务的质量和效率。

（3）实时性强。网络地理信息系统的用户行为数据是异构且海量的，用户访问行为具有群聚性、复杂性和多样性，因而用户行为分析的实时性要求较高。用户对网络地理信息系统访问产生大量的行为数据，通过对这些实时的访问行为数据进行分析，可以及时了解网络地理信息系统用户的需求和反馈，从而快速地做出改进和优化。同时，还可以及时地向用户反馈有关其行为的信息，推荐更符合其需求的网络地理信息服务内容。

在上述网络地理信息系统用户访问行为分析特点的基础上，针对领域用户的访问需求，总结领域用户在网络地理信息系统的行为特点。领域用户是对用户群体的精细化划分，包括政府和相关单位的工作人员、行业专家及研究人员等均可以归类为领域用户，他们在网络地理信息系统的行为与普通用户存在差异性。提高面向领域用户的网络地理信息系统，做好基于地理系统的公众服务产品，对公众服务、政府服务等具有重要意义。相较于对普通用户网络地理信息系统的访问行为的分析，对领域用户的行为分析还具备以下特点。

（1）关注领域用户的领域专业性。不同领域用户所在的领域不同，因此对于网络地理信息的数据和服务的需求不同。反映到访问行为上，即领域用户对网络地理信息系统的访问更具领域专业性。因此，对该类用户的访问行为进行分析时应该考虑用户的专业背景和领域，以理解他们的需求和任务。不同领域用户可能需要不同类型的地理信息数据和服务。

（2）关注领域用户访问兴趣的差异性。领域用户访问兴趣的差异性主要是指不同领域的专业用户在使用网络地理信息系统时对地理信息的关注点和兴趣方面存在差异。相较于普通用户的访问行为，领域用户通常访问目标与需求更加明确，更关注自身领域内的地理信息数据与服务，因此不同领域用户的访问兴趣存在显著差异性。对该类差异性的准确识别是对领域用户行为分析的基础。

（3）数据集成和复杂性。由于领域用户的专业工作需要整合多种地理信息数据源，他们的访问行为可能涉及数据整合和分析，具有复杂性。这可能需要数据转换、数据清洗和数据匹配等数据整合过程，以便将不同数据源整合到一个一致的视图中。

（4）高级分析需求。领域用户通常需要更高级的地理分析工具，以应对其专业任务的复杂性。这包括高级的空间分析、地理建模、地理统计和遥感数据分析工具，以满足其专业需求。

总之，通过对用户访问行为的深入分析，我们能够更全面地洞察用户的访问意图和兴趣偏好，从而为他们提供高度智能化和个性化的网络地理信息服务。针对不同领域用户的访问行为，必须更加专注于他们的领域专业性和访问兴趣的差异性。基于对不同领域用户特定需求的理解，提供更具专业性和个性化的服务。这种专业性和个性化能够更好地满足用户专业任务和工作要求，提高了系统的实用性和用户满意度。

2.5　用户行为分析与网络地理信息智能服务的关系

用户行为分析在网络地理信息系统中发挥着关键作用，与智能化地理信息服务之间存在着密切的关系。互联网、大数据、人工智能等技术进一步推动了地理信息科学领域的迅速发展，用户对互联网地理信息服务的需求也发生了根本性的变化，向着更加个性化、多样化和智能化的方向演进。这催生了比传统的地理信息服务更高层次的应用需求，而对用户访问行为的分析是满足智能化需求的关键基础。此外，近年来地理信息服务质量受到越来越多的关注。地理信息服务质量要同时关注服务的过程和结果的质量，包括响应时间、吞吐量、数据的时效性、结果的完整性等要素。除了服务本身的质量，还要考虑用户的需求和偏好、用户与服务的时空特征。

2.5.1　用户行为分析与网络地理信息服务推荐

用户行为分析可以帮助识别用户的个性化需求和兴趣偏好。用户使用网络地理信息服务平台查询的信息、访问的内容一般是用户最感兴趣的信息，反映了用户的偏好，是认知用户行为规律、理解用户需求最为关键的数据，是网络地理信息应用中用户行为研究的主要内容之一。通过对用户行为进行分析，挖掘用户访问特点与兴趣偏好、行为习惯和驱动因素等，从而为用户提供更加个性化、精准化、多样化、智能化的服务，满足用户不同层次的应用需求。

同时，对于更具专业性的领域用户，对其访问行为的分析能更准确地识别其访问意图与访问兴趣，提供更符合专业知识背景和需求的智能化服务推荐。打造更好的面向领域用户的网络地理信息服务，做好网络地理服务工作服务产品的二次开发，能为我国公众服务、政务服务提供有利的网络地理信息服务支撑。

2.5.2　用户行为分析与网络地理信息服务性能优化

对用户访问行为的分析有助于提高地理信息服务质量。服务质量不仅关乎服务的结果，还包括服务的过程。用户的访问行为直接影响着网络地理信息服务对计算资源的需求。通过分析用户的访问行为，可以更好地理解用户的需求和行为特征，从访问数据预取和缓存、分布式副本机制、负载均衡机制等多种策略入手，调整网络地理信息智能服务以提高用户满意度。例如，对用户访问行为的分析可以帮助系统避免短时间内大规模访问导致的服务瘫痪，提高服务的稳定性和效率，从而为用户提供更好的服务体验。

综上，用户行为分析与网络地理信息系统的智能化服务之间存在着密切的互动关系。用户行为分析为系统提供了关于用户需求和兴趣的宝贵信息，使系统能够更好地提供个性化、智能化服务。同时，智能化地理信息服务的实现也依赖于对用户行为及其模式的深入分析，以不断改进和优化服务。这两者相互协作，共同构建了一个更为智能的地理信息服务体系，为用户提供更出色的服务体验。

2.6 应用领域

2.6.1 公共服务

网络地理信息系统用户行为的访问规律与城市结构、城市发展水平等息息相关。分析网络地理信息系统用户行为的时空规律和驱动机制，可以揭示城市结构，表征城市发展水平，从而为城市公共服务提供科学支持。

群体用户对网络地理信息系统的访问行为，空间上的表现是用户对城市中某些兴趣位置点的访问。学者们对网络地理信息系统用户行为与城市结构的关系研究经历了从定性到定量、从单一尺度到多维时空尺度的过程，研究成果对公共服务的指导也从定性的宏观分析逐渐向多维时空尺度下的定量计算发展。陈迪等（2015）基于在线地图用户搜索兴趣点（point of interest，POI）关键字的日志数据集进行用户行为分析，发现城市中用户对 POI 查询量的整体分布情况与城市的结构及重要 POI 分布密切相关。同样地，周振（2016）通过对同一天内上海、武汉、广州、北京 4 个城市的用户访问热点进行空间可视化，发现用户的访问行为从空间分布上看与城市的建设水平、功能区分布及空间结构具有潜在关联性。这些研究证明，城市空间结构对网络地理信息系统用户行为有巨大的影响，通过分析网络地理信息系统用户行为揭示城市空间结构特性具有可行性。

随着研究深入，学者们对用户访问行为开始进行定量研究，得出了一些普遍规律，为公共服务的精细化指导奠定了基础。张雪涛（2017）通过对深圳公共地图访问数据进行深度挖掘，发现商业类热点在公共地图访问数据中所占的比重最大，其次是餐饮美食类、地产小区类、旅游类、交通类。李锐等（2018）对公共地图访问数据进行分析，发现用户对行政地名、旅游景点、房产小区、机构团体及时事热点区域的访问频率更高，且在时间上呈"工作日高，非工作日低"的规律性。李茹等（2019）对基于会话的用户访问内容进行探究，得到用户访问主要集中在同省、同城这一结论，并利用首尾分割法定量验证了大部分用户的访问需求集中于城市周边。在城市公共服务实践中，参考研究挖掘的城市结构特性分配土地资源、规划城市空间布局、协调道路交通建设，可以促进城市高效和谐发展。

2.6.2 社会民生

用户访问兴趣是网络地理信息系统用户行为的内部驱动机制，大多隐式地蕴含在用户的访问操作、访问内容中。研究用户访问兴趣有助于地图服务运营商提供更加高效、智能的用户个性化服务，从而提高网络地理信息系统服务水平，丰富基础地理信息面向社会公众的服务形式，向百姓生活提供众多增值服务产品，如旅游出行规划、美食探寻、房屋租赁、残疾人无障碍出行、菜场分布等，使公众享受到基础地理信息提供的便利。

网络地理信息系统中用户访问内容与访问行为隐含了大量的用户兴趣，基于这些信息可以对用户访问兴趣进行有效挖掘，进而实现用户兴趣预测，完善网络地理信息系统的个性化推荐服务。考虑不同个体用户的兴趣差异及同一用户在不同时间的兴趣转移问题，李茹（2019）以用户访问会话为研究粒度，融合用户访问内容与访问行为，提出了基于向量空间模型的地理信息兴趣模型（vector space geographic information interest model，VSGIIM），刻画用户地理信息兴趣分布，并通过对用户访问会话的聚类分析，挖掘网络地图用户访问会话中的地理信息兴趣特征。陈文静（2021）从用户访问过程的角度出发，融合地图瓦片中的地物类型与访问兴趣，提出用户混合兴趣的隐马尔可夫模型（user's mixed interest hidden Markov model，UMIHMM）来获得用户的兴趣序列，并基于用户的兴趣序列提取用户的共性兴趣迁移模式，对用户的兴趣迁移进行预测。

进一步，考虑网络地理信息系统用户的群体组成，将用户群体精细划分为不同领域。不同领域的用户对网络地理信息系统的访问兴趣具有显著差异性，分析领域用户行为，可以针对性地提高网络地理信息系统的服务质量。因此，很多学者基于社交网络所包含的大量用户信息开展了构建用户群体画像的研究。索晓阳等（2019）基于社交媒体用户的基本特征、内容特征、统计特征、行为特征进行用户画像构建。徐开明等（2009）基于所需的服务类型将用户分为政府、行业、企业、公众 4 类。董广胜（2021）基于公共地图服务平台（public map service platform，PMSP）访问轨迹多粒度提取访问兴趣点，构建用户-POI 矩阵，实现了领域用户分类，并提出了词向量和奇异值分解（Word2vec and singular value decomposition，W2V-SVD）主题模型，挖掘领域用户的访问兴趣及其组成表达，从而更加精准地对不同领域的用户群体进行访问兴趣识别。

2.6.3 行业应用

时空大数据平台是智慧城市建设不可或缺的、基础性的支撑平台，是时空数据与服务的载体，为地理信息深度应用与服务提供时空基础。通过网络地理信息系统的用户行为分析，研究面向用户行为的数据缓存策略、异构网络地理信息服务中负载均衡策略，可以为时空大数据平台的实时运营反馈与智能服务提供技术基础。

挖掘网络地理信息系统中潜在的用户行为规律，可以辅助建立实时负载均衡策略，支撑时空数据平台智能服务。Li 等（2017a）基于用户访问模式建立分布式高速缓存副本机制，分析用户请求前后的空间和时间相关性，提高缓存命中率和有限缓存空间的利用率，以优化网络地理信息系统中大规模用户访问的负载均衡。Dong 等（2020）根据不同时间粒度所包含信息量的变化构建了多粒度服务时间序列，并基于服役时间分解理论，提出了一种新的小波分解-支持向量回归-移动平均（WD-SVR-MA）模型，实现了网络地理信息服务时长的准确预测。

面向城市管理者和社会公众，时空大数据平台提供丰富、完善、实时的时空信息在线服务，并依赖平台运营反馈机制，形成云平台与智慧应用良性互动的生态圈运营模式。其中，面向用户行为的数据缓存、负载均衡等策略是连接用户行为与平台服务的桥梁，为合理高效的平台运营反馈机制提供了技术支持。

2.7 本章小结

本章对网络地理信息系统的用户行为分析与智能服务的基本理论进行了简要阐述。首先介绍了网络地理信息系统的一些基本概念，包括网络地理信息系统和用户行为的定义。其次，梳理了网络地理信息系统的发展历程，从网络地理信息系统到网络地理信息服务的转变及国内外网络地理信息服务平台的建设情况。随后，根据网络地理信息服务特点及用户行为分析的特点，探索了用户行为分析与智能服务的关系，并挖掘了潜在的应用领域。随着网络地理信息服务的发展，用户对服务的需求趋于多样化、个性化。通过对用户访问行为的分析，完善网络地理信息服务，不断提升服务质量，最终实现网络地理信息智能服务。

第 3 章

用户行为的时空模式分析

网络和信息技术的进步促进了网络地理信息公共服务的发展（Li et al.，2010）。与此同时，移动技术、智能设备和云计算的广泛普及鼓励公众更频繁地使用和查询网络地理信息系统以获取地理信息。这些变化导致用户密集地访问网络地理信息系统，对网络地理信息服务性能提出了挑战。时空原理制约着自然和社会的现象学演变（Yang et al.，2011）；用户分布及其对网络地理信息系统的访问行为受到时空原理的影响，并表现出时空模式。用户访问行为时空模式研究可以为运营商的运营决策提供支持，帮助开发人员优化网络地理信息服务系统架构，为地理空间数据更新的实施、网络地理信息系统维护及网络地理信息系统计算资源利用计划的正确设计创造更好的条件，以提高服务能力并应对容量密集型用户请求的挑战（Yang et al.，2013；Mountrakis et al.，2009）。另外，用户访问行为模式研究有助于改善用户体验，扩大网络地理信息公共服务的普及范围，满足用户对地理信息公共服务的个性化、多样化、智能化需求。

本章从时间和空间两个维度对用户的访问行为模式进行分析，探究用户对网络地理信息系统访问的时空模式。从时序模式性、时间自相关性、空间自相关性和空间异质性等 4 个方面进行分析，并展开具体阐述。

3.1 时序模式

随着地理信息系统向着网络化、规模化、虚拟化、服务化和时空化发展，网络地理信息服务为用户带来了全新的体验。同时，互联网与移动通信技术的发展与普及使网络地理信息系统的访问用户与日俱增，呈现爆发式增长趋势。例如，2021 年腾讯位置服务每日覆盖用户超过 10 亿，百度地图、高德地图、腾讯地图日均请求次数均已超过千亿次。海量用户产生的多样化需求与爆炸式增长的空间信息之间产生碰撞，产生了"信息过载"问题，导致用户获取有效空间信息的效率降低。因此，将空间信息与用户需求进行高效对接，提供智能地理信息服务，是亟待解决的关键问题。这种信息智能服务建立在对用户行为模式的深刻理解之上。用户的访问行为具有社会性，存在着一定的群体访问行为模式。正确识别用户访问行为的时序模式对认知用户访问行为具有重要的意义。本节介绍本课题组关于用户访问时序模式识别的相关成果。基于对用户访问模式与规模的挖掘，构建用户访问到达行为的时序模型（吴华意 等，2015）。

3.1.1 用户访问的模式与规律

近年来，网络地理信息系统中的用户访问规律已经成为一个非常活跃的研究领域。Fisher（2007a）和 Talagala 等（2000）分别对地理信息的访问请求频率进行统计，提出数字地球中影像数据的访问请求服从社会学中的幂律分布。王浩等（2010）通过实验分析扩展了其结论，得出影像数据瓦片请求符合幂律分布中的类齐普夫（Zipf-like）分布。幂律分布全局地反映了地理信息访问中的一种时间长期累积访问特征，但不能实时反映用户访问模式的变化。Park 等（2001b）认为，用户的访问模式取决于地理数据的空间位置性。Ye 等（2009）基于用户的位置信息，如 GPS 轨迹追踪用户活动和用户地理信息记录等，帮助客户端了解用户生活行为特征。Yang 等（2011）提出用户访问公共地图服务平台时带给服务器的负载具有潮汐特征。吴华意等（2015）基于时间序列聚类方法建立了网络地理信息系统中群体用户访问到达行为的时序分布模型。Li 等（2017a）发现群体用户访问网络地理信息系统行为呈现时空上的聚集性和规律性，并构造了泊松回归模型量化瓦片访问模式的时空关系。Xia 等（2014）指出用户对地理空间数据的访问具有潮汐模式，并进一步观察到访问的内容存在时空相关性。Li 等（2015）证明对瓦片（tile）地理空间数据的访问具有聚集性和突发性，访问模式同时具有长期特征和短期特征。以上研究都说明了因地理数据存在时空属性，用户的访问请求同样存在时空规律性；且这些时空规律与用户的生活节律相符，说明用户对空间信息的兴趣和需求渗透在日常生活中。基于用户访问行为的支撑，地理信息服务平台才能提供更加个性化、多样化、智能化的服务。但是在以往的研究中，并未涉及对访问模式定量化的描述。网络地理信息系统提供了一个独特的环境来研究和分析人类时空行为的机制。研究人员密切关注网络地理信息公共服务中人类的行为模式，通过构建定量化的访问时空模型，寻找一定的行为规律。

3.1.2　用户访问的时序分布模型

对于地理信息服务平台而言，用户访问行为具有一定的模式性，这种访问模式性与日常行为活动息息相关。若将一个用户访问网络地理信息公共服务的请求到达看成一个随机点，则这是一个源源不断出现的随机过程。在这过程中，任一时间段内到达的用户请求数也是随机的，为地理信息服务带来随机的访问强度与负载。但是，受到日常活动的影响，用户对网络地理信息公共服务的请求随时间变化具有显著的周期性特征，呈现一定的访问规律。准确识别该类访问规律，对分析用户的访问行为具有重要意义。从时间序列的角度分析，若将一个周期的时间分为若干等长时段，每个时段的请求数可以构成一个时间序列

$$L(S,t) = \{S(t_1), S(t_2), \cdots, S(t_n)\} \tag{3.1}$$

式中：S 和 t 分别为用户到达时间序列 $L(S,t)$ 的到达率因子和时间因子；$S(t_i)$ 为 t_i 时间段内到达的用户请求数。那么对时间序列 $L(S,t)$ 而言，其均值的期望值表达式为

$$E(S_t) = \lambda(t)T \tag{3.2}$$

式中：T 为每个时段的时间长度；$\lambda(t)$ 为 t 时段的用户平均到达率。由于时间序列的均值与时间 t 相关，该序列并非一个平稳的过程。通过上述过程，构建用户访问请求的时间序列模型，可进一步挖掘用户访问规律。具体实例在 3.1.3 小节中详细阐述。

3.1.3　用户访问的时序分布实例

依据上述用户访问时间序列的构建方法，采用天地图的用户访问日志数据作为研究的基础样本数据示例，构建访问平均到达率的时序分布模型。天地图是由国家基础地理信息中心建设的地理信息综合服务网站，是数字中国的重要组成部分，是国家地理信息公共服务平台的公众版。访问该网站的用户具有广域的地域性，日志数据以非结构化形式记录在不同的集群服务器和不同的文件中。选取的样本数据集为 2014 年 2 月海量用户访问的日志文件，数据存于上百个文件中，每日文件大小为 20 G。本示例建立 MongoDB 分布式文件存储的数据库，基于 MapReduce 并行计算框架对数据进行格式化处理，建立高效的索引和存储，形成每日近 9 000 万条数据。因天地图的访问中存在人类用户（普通访问用户）和机器用户（程序下载数据资源用户），为了真实可靠地反映人类用户的群体行为，在数据预处理中根据机器用户的特征，如单个用户访问量巨大，或单个用户连续爬取一定经纬度范围的数据，或连续大量访问某个区域数据等，剔除机器用户的访问记录。为了保证时序分析在时间上和访问特征聚类的精确度，以 10 min 为间隔，统计天地图用户访问的平均到达率用于样本分析。

图 3.1 是由样本数据得到的 2014 年 2 月 1～28 日的平均到达率变化图。平均到达率为单位时间用户访问频次，用来描述用户访问网络地理信息公共服务的访问强度。暖色调曲线代表用户工作日访问请求的时间序列，冷色调代表用户节假日访问请求的时间序列。由图 3.1 可知，用户在公共地图服务中的访问行为具有一定的模式，即在不同的时间区间用户访问分布是变化的，且具有以下的时序规则。

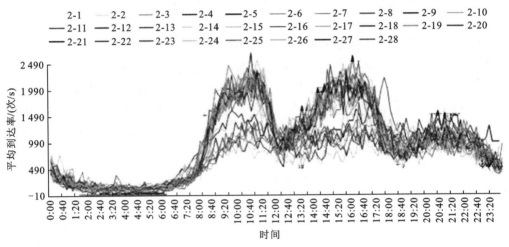

图 3.1　2014 年 2 月 1～28 日用户到达率变化情况

扫封底二维码可见彩图；引自吴华意等（2015）

（1）用户访问具有周期性。图 3.1 显示 1 个月内公共地图服务平台每日的用户到达率 $\lambda(t)$ 时序变化规律，其中工作日用户访问行为模式具有相似性，访问强度的变化有一定的周期性规律；节假日用户访问行为模式与工作日有所不同，体现在白天时间访问强度明显降低。

（2）用户访问到达率具有多峰值特征。不同时段（如凌晨时段、工作时段、午间时段、夜间时段），用户的访问到达率具有不同的分布。但不同周期的同一访问时段下访问到达率的分布又具有一定的稳定性。

（3）用户访问具有高强度的突发性与聚集性特征，不同周期中不同时段访问负载具有多峰值且随时序而变化。

本小节以用户在公共地理信息服务中的访问行为为研究对象构建用户平均到达率的时序模型，结果发现用户的访问行为具有明显的模式规律。根据访问行为模式的不同，可以划分为工作日模式和节假日模式。工作日模式中用户的访问行为存在明显的周期性，而节假日模式中白天的用户访问强度明显降低。此外，用户访问还呈现出多峰值、突发性和聚集性特征。图 3.1 显示在一个周期内，用户访问到达率分布曲线在不同的时间段也呈现不同的分布模式，其访问到达率的分布具有明显的区别。因此，若要实现用户访问行为的精确建模与预测，需要对工作日模式与节假日模式进行进一步时序聚类划分，讨论其时间自相关性。

3.2　时间自相关性

相关性一般是指两个变量之间的统计关联性，自相关性则是指一个时间序列的两个不同时间的变量是否具有关联。时间自相关性是一种统计学概念，用于描述时间序列中当前时刻的观测值与之前时刻的观测值之间的相关性。时间自相关性在时间序列分析中非常重要，时间序列具有自相关性是能够进行分析的前提，若时间序列的自相关性为 0，也就是说各个时间点的变量不相互关联，那么未来与现在和过去就没有联系，根据过去信息来推测未来就变得毫无根据。对时间序列自相关性的分析可以帮助了解时间序列中的模式和趋势，以及在时间序列分析中选择合适的模型。

在以往的研究中，研究者发现用户访问地理信息公共服务平台的时间分布与日常作息规律息息相关（董广胜，2021）。Wang 等（2014）和陈迪等（2015）基于用户访问日志发现工作时间是用户访问的高峰期，13∶00 和 19∶00 左右是吃饭休息时间，访问处于波谷，夜晚和凌晨的访问频率最小。这一访问模式也在不同的访问数据中被印证。Li 等（2018a）发现群体用户对地理信息服务的密集访问是时间聚合的，展示了类似的时间分布规律。

局部空间访问频率同样具有时序上的周期特征。例如，Bell 等（2007）和 Lee 等（2001）认为热点访问区域（如瓦片访问中的热点瓦片）在不久的将来被访问的概率很高；当前时间和上次访问时间之间的时间间隔用于表示热点瓦片访问中的这种时间相关性。由于访问流行度是短期的，具有很高的时间相关性，并且随着时间的推移而变化，所以跟踪访问流行度一直是捕捉用户访问中时间相关性的一种手段。李锐等（2018）对访问频率高、用户访问兴趣浓厚、访问聚集性强的局部热点区域进行分析，发现在时间尺度上同样呈现"工作日高，非工作日低"的周期模式，如图 3.2 所示。

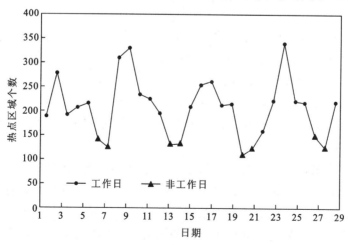

图 3.2　热点区域访问的周期特征

引自李锐等（2018）

上述研究表明,用户对网络地理信息公共服务的访问行为存在时间上的自相关性,在时序分布上与日常生活规律相关,具有周期性特征。而访问行为的时间分布规律中显著的周期特征识别是构建时间序列模型、实现访问频率精确预测的基础。通过聚合用户访问到达率,实现访问时序的周期性特征识别与分割,是本节探索的重要目标。

3.2.1 用户访问到达率

根据排队论,单位时间内平均到达的用户请求数可称为访问到达率,可用于表达用户对公共地理信息服务平台的访问负载。从实际的用户访问记录分析来看,一天中用户的访问存在短时期的"黄金时段",用户到达时间分布曲线在不同的时间段呈现不同的分布模式,即用户到达率的概率分布具有多峰值,呈现非均质特征。同时,由于用户每天的访问行为模式具有相似性,访问强度的变化具有一定的周期性规律。若对一个周期内的用户访问行为在时序上进行模式划分,则在同一个访问模式下的时间区间内,可以认为用户的到达率 $\lambda(t)$ 变化很小。这样一来,$\lambda(t)$ 可以表示为具有 k 种模式的一个分段常值函数模型

$$\lambda(t) = \begin{cases} \lambda_1, & 0 < t \leqslant t_1 \\ \vdots & \vdots \\ \lambda_k, & t_{k-1} < t \leqslant t_k \end{cases} \tag{3.3}$$

根据用户访问到达率准确识别用户的访问模式,增强对用户访问时间偏好的认识,识别用户访问行为的时间自相关性,有助于建立准确的访问负载预测模型。接下来将详细介绍一种用于用户访问模式分割的有效方法,以实现用户访问模式的精确划分。

3.2.2 Fisher 最优分割方法

若要利用用户访问的模式性及周期性进行地理信息服务负载预测,首先需分割和挖掘用户到达率在时间序列中不同的访问模式。对用户访问到达率聚类是模式分割的有效方法。图 3.1 显示用户访问模式在时间上是连续的,因此本小节基于 Fisher 最优分割方法进行有序聚类,进而有效地发现用户访问到达率在时间序列上的模式区间,即对一个周期的时间序列 $L(S,t)$ 进行合理的划分,得到不同访问模式所在的时间区间集合 $T = \{T_1, T_2, \cdots, T_k\}$。

Fisher 最优分割算法的思想:当数据按一定的时间顺序排列,为了探索事物发展的周期性或旋回性,并合理地划分呈现不同模式的阶段,需要进行最优分割。将一定数量的、规律性的、接近的若干相邻数据划分为一个阶段;当相邻两个阶段的数据呈现的模式出现明显的差异时,前一个阶段的最后一项数据与下一阶段的首条数据之间则为模式分割的界限。

因短时间内的访问到达率相似,以一定时间间隔聚类可建立有序的访问到达率时间序列表达,如式(3.4)所示。

$$L(S,t)_{d_m} = \{S(t_1), S(t_2), \cdots, S(t_i), \cdots, S(t_n)\} \tag{3.4}$$

将式（3.4）展开形成多个周期内访问到达率时间序列的平均到达率矩阵：

$$\boldsymbol{L}(S,t) = \begin{bmatrix} S(t_1 d_1), S(t_1 d_2), \cdots, S(t_1 d_m) \\ S(t_2 d_1), S(t_2 d_2), \cdots, S(t_2 d_m) \\ \vdots \qquad \vdots \qquad \vdots \\ S(t_n d_1), S(t_n d_2), \cdots, S(t_n d_m) \end{bmatrix} \tag{3.5}$$

基于 Fisher 最优分割法对矩阵 $\boldsymbol{L}(S,t)$ 进行最优分割，将值相似且相邻的行向量（访问到达率向量）$\boldsymbol{S}(t_i), \boldsymbol{S}(t_{i+1}), \cdots, \boldsymbol{S}(t_n)$ 聚为一类，形成 K 类访问模式，各模式所在的时间区间集合为 $\{T_1, T_2, \cdots, T_k\}$。方法与步骤如下。

1）计算访问到达率向量的直径

设分割后访问到达率向量的某一访问模式包含时序
$$\{\boldsymbol{S}_i, \boldsymbol{S}_{i+1}, \cdots, \boldsymbol{S}_j\} = \{\boldsymbol{S}(t_i), \boldsymbol{S}(t_{i+1}), \cdots, \boldsymbol{S}(t_j)\} \quad (j > i)$$
记为 $G = \{i, i+1, \cdots, j\}$。则该访问模式的向量均值 $\widetilde{\boldsymbol{S}_G}$ 为

$$\widetilde{\boldsymbol{S}_G} = \frac{1}{j-i+1} \sum_{h=i}^{j} \boldsymbol{S}_h \tag{3.6}$$

设模式内访问到达率向量的直径为访问到达率向量集的离差平方和 $D(i,j)$，则有

$$D(i,j) = \sum_{h=i}^{j} (\boldsymbol{S}_h - \widetilde{\boldsymbol{S}_G})(\boldsymbol{S}_h - \widetilde{\boldsymbol{S}_G})^{\mathrm{T}} \tag{3.7}$$

2）计算访问到达率向量分割损失函数

设 $b(n,K)$ 为将有序的 n 个访问到达率向量分割成 K 个访问模式的一种分类方法，则 $b(n,K)$ 可表达为

$$\begin{cases} G_1 = \{i_1, i_1+1, \cdots, i_2-1\} \\ G_2 = \{i_2, i_2+1, \cdots, i_3-1\} \\ \qquad\qquad \vdots \\ G_k = \{i_k, i_k+1, \cdots, n\} \end{cases} \tag{3.8}$$

其中，分点 $1 = i_1 < i_2 < \cdots < i_k < n = i_{k+1}-1$（$i_{k+1} = n+1$）；$b(n,K)$ 损失函数为

$$\Gamma[b(n,K)] = \sum_{e=1}^{K} D(i_e, i_{e+1}-1) \tag{3.9}$$

当 n、K 固定时，$\Gamma[b(n,K)]$ 越小，各类模式的离差平方和越小，则模式的分类是合理的。因此寻找一种合适的 $b(n,K)$，使其损失函数值 Γ 达到最小。记 $P(n,K)$ 为使 Γ 达到最小的分类方法。

利用递推式（3.10）求出 K 取不同值时，各分类方法的最小损失函数及各模式之间分割点：

$$\begin{cases} \Gamma[P(n,2)] = \min_{2 \le j \le n} \{D(1,j-1) + D(j,n)\} \\ \Gamma[P(n,K)] = \min_{K \le j \le n} \{\Gamma[P(j-1,K-1)] + D(j,n)\} \end{cases} \tag{3.10}$$

3）计算访问到达率向量分割的最优解

若访问到达率向量分割次数 K $(1 < K < n)$ 已知，求使损失函数值最小的分割方法 $P(n,K)$。首先寻求分割点 j_k，使其满足：

$$\Gamma[P(n,K)] = \Gamma[P(j_k-1,K-1)] + D(j_k,n) \tag{3.11}$$

计算得到第 k 类 $G_k = \{i_k, i_k+1, \cdots, n\}$。然后寻求 j_{k-1}，使它满足式（3.12），得到第 $k-1$ 类 $G_{k-1} = \{i_{k-1}, i_{k-1}+1, \cdots, j_k-1\}$。

$$\Gamma[P(j_{k-1}, K-1)] = \Gamma[P(j_{k-1}-1, K-2)] + D(j_{k-1}, j_k-1) \tag{3.12}$$

根据递推式（3.10）可以得到所有类 $G_1, G_2, \cdots, G_k$，则所求的最优分割方法为

$$P(n,K) = \{G_1, G_2, \cdots, G_k\} \tag{3.13}$$

如此计算得出在 K 次分割下，各个模式中时间序列的分割点 $\{j_1, j_2, \cdots, j_k\}$。

K 值的确定依据 Fisher 原理：在 Fisher 最优分割过程中，最小损失函数值 Γ 随分割数 K 的增加而减少。而当分割数增加到某一数值后，最小损失函数值曲线将急剧变缓，达到一定的平衡，此时的 K 值为最佳分割值。基于非负斜率方法确定 K 值，如式（3.14）所示：

$$\beta(K) = \left| \frac{P(n,K) - P(n,K-1)}{K - (K-1)} \right| \tag{3.14}$$

当 $\beta(K)$ 较大时，表示分 K 类优于分 $K-1$ 类；当 $\beta(K)$ 接近 0 时，此时 K 为合适的取值。

本节继续以 3.1 节中基础样本数据为研究示例，从 3.1 节构建的用户到达时间序列 $L(S,t)$ 中发现用户访问的模式 $T = \{T_1, T_2, \cdots, T_k\}$。各模式 T_i $(1 \le i \le k)$ 在时间上邻接，但用户平均到达率 $\lambda(t_i)$ 在同一模式时间区间内变化很小，在不同模式下存在差异。根据 3.1 节得到的结论，公共网络信息服务访问用户在工作日与节假日的访问模式明显不同，并且在工作日模式中呈现明显的周期性特征，因此本节以工作日模式为例，建立多变量的、有序的表达方法实现用户访问到达率的最优分割。

3.2.3　用户访问到达率时序分割实例

因短时间内的访问到达率相似，以每 10 min 为时间间隔聚类得到一个周期内 144 个平均到达率，建立有序的访问到达率时间序列表达。以 3.1.3 小节的天地图访问数据为例，将 2014 年 2 月 1~21 日工作日的访问到达率作为训练样本集，如表 3.1 所示。

表 3.1　2014 年 2 月 1～21 日工作日的访问到达率

时间段	t	$d_{2.7}$	$d_{2.8}$	$\cdots$	$d_{2.20}$	$d_{2.21}$
0:00～0:10	t_1	204	268	$\cdots$	521	424
0:10～0:20	t_2	207	192	$\cdots$	454	304
0:20～0:30	t_3	162	258	$\cdots$	263	234
$\vdots$	$\vdots$	$\vdots$	$\vdots$	$\vdots$	$\vdots$	$\vdots$
15:20～15:30	t_{93}	2 187	1 925	$\cdots$	1 840	2 288
15:30～15:40	t_{94}	2 072	1 598	$\cdots$	1 993	2 183
$\vdots$	$\vdots$	$\vdots$	$\vdots$	$\vdots$	$\vdots$	$\vdots$
23:40～23:50	t_{143}	306	358	$\cdots$	600	420
23:50～24:00	t_{144}	440	419	$\cdots$	505	492

注：引自吴华意等（2015）

训练实验中，按照上述最优分割方法对训练样本中的访问到达率数据进行 2～15 次最优分割，分别得到各次分割下的最小损失函数值，如图 3.3 所示。

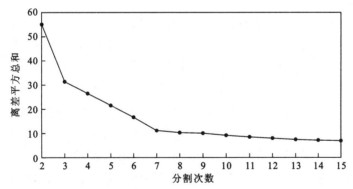

图 3.3　最小损失函数值变化图

引自吴华意等（2015）

由图 3.3 与式（3.14）可计算出 $K=7$ 时为最佳分割取值。且本小节对访问到达率规律的研究是为了准确且简单有效地预测公共地图服务的访问负载。若用户访问到达率在一个周期内的时序访问模式区间过多，则预测所需的先验数据量越大，预测的复杂度及所需的计算存储容量也将随之递增；若模式区间过小，则影响预测精度。因此，综合考虑最优分割原理与访问负载预测的可行性，分割方法 $P(n,7)$ 是合适的。实验通过训练样本集得到各访问模式所在时间区间的集合，如表 3.2 所示。表 3.2 显示，K 值为 7 时，各访问模式的离差平方和值较小。

表 3.2　各访问模式所在时间区间的集合

T_k	时间段	离差平方和
T_1	01:10～07:50	2.027 1
T_2	07:50～08:50	0.677 6
T_3	08:50～11:40	2.189 8
T_4	11:40～14:10	1.502 4
T_5	14:10～17:30	2.231 5
T_6	17:30～23:00	2.007 1
T_7	23:00～01:10	0.557 8

注：引自吴华意等（2015）

从时间自相关性的角度对用户访问模式进行分析，发现用户的访问行为具有周期性，在不同的访问周期内，用户访问到达率变化较小。根据 Fisher 最优分割算法的思想，对用户访问到达率时间序列进行最优分割，聚类得到用户访问到达率基本一致的周期。这种时间自相关性为用户访问行为的预测提供了理论基础。

3.3　空间自相关性

除了时间行为模式，新的时间地理学理论表明，在地理信息科学中，人类的空间和时间行为模式都必须考虑在内。托布勒地理学第一定律认为地理事物或其属性在空间分布上具有聚集性和规律性，是相互关联的。当用户浏览地图时，他们执行移动和缩放操作，触发对多个相关瓦片的请求，然后将这些瓦片拼接在一起并显示在浏览器中。当一个具有高访问概率的瓦片被访问时，其相邻瓦片被访问的概率相当高，因此相邻瓦片也在连续的时间被访问。由于被访问的热点瓦片往往聚集在小的地理区域，所以瓦片访问具有空间局部性和相关性属性（Li et al.，2017a）。

访问行为的空间分布规律研究用户位置与访问位置间的空间距离关系，用户在访问网络地理信息公共服务时更偏向于访问邻近自己的区域。Park 等（2001b）指出，当用户访问浏览地图中的中心数据对象时，更喜欢访问邻近数据，而不是访问不相关的数据。因此，用户的地图访问模式取决于被访问对象的空间位置。此外，空间上相邻的瓦片往往在相邻的时间被访问。一旦请求一个瓦片，其相邻瓦片很有可能在下一刻被请求。瓦片和当前访问的瓦片之间的距离反映了瓦片访问中的空间相关性。然而，在实时系统中很难计算瓦片之间的距离，因为客户端视图中的中心瓦片变化很快；因此，瓦片之间的"距离"通常用瓦片访问频率来表示（Padmapriya et al.，2013）。在一定程度上考虑用户访问流行度分布，访问频率通常用于测量空间相邻瓦片的局部重要性。Xiao 等（2010）对 Microsoft Live Maps（Bing Map 的前身）的美国用户查询搜索日志展开研究，发现三分之二的会话中用户只搜索了一个目标城市，并且接近 80%的访问中搜索目标的变化范围在 50 km 范围内。李茹等（2019）研究天地图中用户访问行为，发现用户更倾向于同省、同城访问，约 30%的用户访问目标集中在用户所在城市 43 km 内。上述研究表明用户对网络地理信息公共服务的访问行为存在明显的空间自相关性，用户的访问行为受自身位置和当前访问位置的影响。但是相对而言上述研究粒度较粗，反映城市间用户访问的统计规律。本节介绍本课题组关于访问行为空间自相关性的研究成果。基于金字塔结构的瓦片地理数据，通过对热点区域的提取探究热点区域用户访问的空间自相关性规律（Li et al.，2017a）。

3.3.1 基于金字塔结构的瓦片地理空间数据

基于金字塔结构的瓦片地理空间数据的公共地图服务框架改变了地理空间网络发布模式。这一创新使瓦片地理空间数据的存储和管理更加容易，网络地理信息系统的运行更加高效、灵活。然而，用户在地图中的浏览过程是复杂的，受浏览目标、当前热点等诸多因素的影响。用户通常会选择一个小的兴趣区域，并使用移动或缩放功能来查看周围区域，如图 3.4（a）所示。$\zeta_{x, y, l}$ 用来表示金字塔模型中坐标为(x, y, l)的瓦片，其中，x、y 是坐标，l 是层数。当用户在网络地理信息系统会话访问时，多个瓦片形成当前浏览视图，也称为浏览窗口。浏览操作，如移动、平移或缩放，会触发一个客户端脚本，该脚本根据用户的操作和当前浏览位置（如分辨率和瓦片的地理坐标范围）计算接下来要在浏览窗口中显示的所需信息。客户端将向网络地理信息系统服务器发送请求以获得多个选中的瓦片。然而，不同层的瓦片具有不同的缩放属性及不同的分辨率和覆盖区域。因此，用户在浏览不同层的瓦片时，浏览窗口在金字塔的较高层级上显示一个比较低层级更小的地理区域，如图 3.4（b）所示。

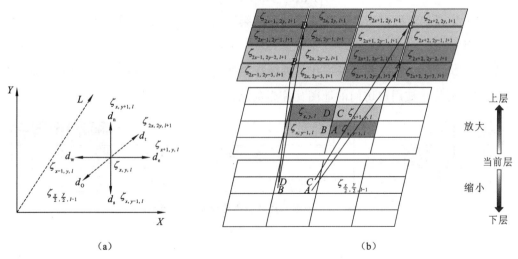

（a）　　　　　　　　　　　（b）

图 3.4　用户访问瓦片间的空间关系

引自 Li 等（2017a）

因此，瓦片访问之间存在一定的空间关系。一个具有高访问概率的瓦片被访问时，它的邻近瓦片在下一时刻也有较高的概率被访问。然而，金字塔模型中处于不同层的瓦片具有不同的地理尺度属性，因此与相邻瓦片的空间相关性也相应不同。本小节研究重点是在空间相关程度上寻找规律特征。

本小节以天地图在 2015 年 6 月 1～29 日公众用户的公共地图服务（public map service，PMS）访问记录为研究示例，分析海量的用户访问数据，以地理信息空间聚集性为基础提出了 PMS 热点区域的概念，客观地反映用户访问 PMS 的空间规律，探究用户访问的空间自相关性。

3.3.2　用户访问热点区域提取

研究定义集合 $T = \{\tau_{x,y,l}\}$ 表示 PMS 的地图瓦片集合，其中下标 x，y 分别为地图瓦片的行号和列号，l 为地图图层序号；函数 $F(t,\tau_{x,y,l})$ 表达在日期 t 瓦片 $\tau_{x,y,l}$ 的日访问频次；函数 $T(t,\tau_{x,y,l})$ 表达瓦片 $\tau_{x,y,l}$ 在日期 t 中是否被访问，值为 0 或 1。

本小节中访问热点区域是被访问频次高、用户访问兴趣浓厚、访问聚集性强的地图瓦片集合，简称为热点区域。逐天逐层按照一定的规则提取用户访问的热点区域，热点区域的提取规则如下。

（1）根据日期 t 依次提取图层 l 中的热点区域，定义中心瓦片为 $c_{x,y,l}$，其访问频次由 $F(t,c_{x,y,l})$ 决定，中心瓦片 $c_{x,y,l}$ 的定义为

$$
\begin{cases}
F(t,c_{x,y,l}) > F(t,\tau_{x-1,y,l}) \\
F(t,c_{x,y,l}) > F(t,\tau_{x+1,y,l}) \\
F(t,c_{x,y,l}) > F(t,\tau_{x,y-1,l}) \\
F(t,c_{x,y,l}) > F(t,\tau_{x,y+1,l})
\end{cases}
\tag{3.15}
$$

（2）定义热点区域中心瓦片的最低访问频次 $F_{\min}(t,c_{x,y,l})$ 为 b 次，即

$$
F_{\min}(t,c_{x,y,l}) \geqslant b
\tag{3.16}
$$

（3）热点区域可能存在单极化扩展的异常情况，如图 3.5 所示，其中 $\tau_{x,y,l}$ 为热点区域中心瓦片，被用户访问的地图瓦片为灰色。

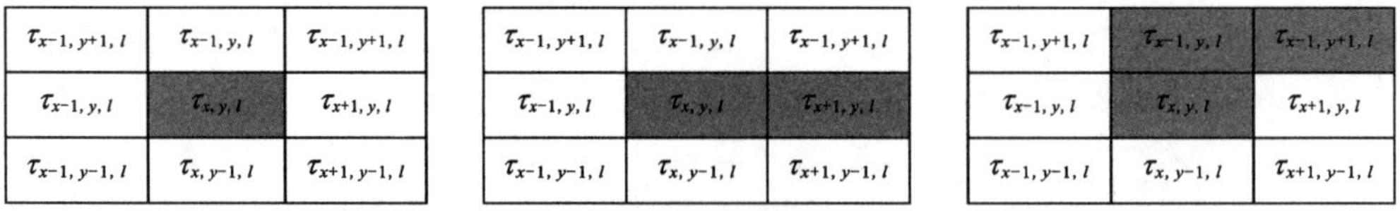

$\tau_{x-1,y+1,l}$	$\tau_{x-1,y,l}$	$\tau_{x-1,y+1,l}$		$\tau_{x-1,y+1,l}$	$\tau_{x-1,y,l}$	$\tau_{x-1,y+1,l}$		$\tau_{x-1,y+1,l}$	$\tau_{x-1,y,l}$	$\tau_{x-1,y+1,l}$
$\tau_{x-1,y,l}$	$\tau_{x,y,l}$	$\tau_{x+1,y,l}$		$\tau_{x-1,y,l}$	$\tau_{x,y,l}$	$\tau_{x+1,y,l}$		$\tau_{x-1,y,l}$	$\tau_{x,y,l}$	$\tau_{x+1,y,l}$
$\tau_{x-1,y-1,l}$	$\tau_{x,y-1,l}$	$\tau_{x+1,y-1,l}$		$\tau_{x-1,y-1,l}$	$\tau_{x,y-1,l}$	$\tau_{x+1,y-1,l}$		$\tau_{x-1,y-1,l}$	$\tau_{x,y-1,l}$	$\tau_{x+1,y-1,l}$

图 3.5　地图热点区域单极化扩展示例

引自李锐等（2018）

图 3.5 显示，以 $\tau_{x,y,l}$ 为中心的 3×3 最小包围矩形地图瓦片的访问体现了热点区域的扩展情况。筛选均匀扩展的热点区域，规定 3×3 的最小包围矩形内至少有 4 个瓦片被用户访问，即

$$T\_c_{x,y,l} = \sum_{X=-1}^{1} \sum_{Y=-1}^{1} T(t, \tau_{x+X, y+Y, l}) \tag{3.17}$$
$$T\_c_{x,y,l} \geqslant 4$$

根据上述规则，从数据样本集中提取 6 000 个热点区域作为后续的研究数据集，涵盖 560 180 个地图瓦片，总访问量达 25 437 000 次。热点区域数据集的基本信息包括热点区域编号、图层、访问日期、热点区域中心瓦片的行列号、经纬度和访问频次。

3.3.3 热点区域访问的空间分布规律

PMS 用户所访问的地理信息具有空间属性，使用户访问的内容中隐含着一定的空间分布规律。基于提取的热点区域数据集合，对热点区域从尺度特征、间距分布特征两方面进行探究，揭示热点区域访问中隐含的空间规律。

热点区域数据集按图层属性可划分为子数据集，记为
$$T_l = \{\tau_{x,y,l}\} \tag{3.18}$$
式中：$T_l (l=1,2,\cdots,q)$ 为不同图层对应的热点区域图层划分子集；l 为热点区域的图层标识。

1. 热点区域的尺度特征

PMS 不同图层的比例尺不相同，且不同图层中的热点区域数目也不相同，PMS 的热点区域具有明显的尺度特征。对热点区域图层划分子数据集，分析并挖掘热点区域的尺度特征。函数 $L(T_l)$ 可以计算热点区域图层划分子数据集的元素个数：
$$L(T_l) = \sum_x \sum_y \sum_l T(t, \tau_{x,y,l}) \tag{3.19}$$
将热点区域图层划分子数据集的统计结果以直方图的形式表示，如图 3.6 所示。

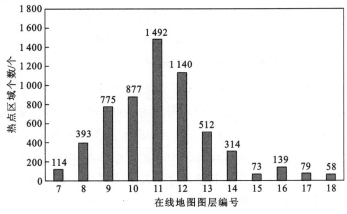

图 3.6 热点区域尺度统计直方图

引自李锐等（2018）

图 3.6 显示了在不同的地图图层中，用户访问产生的热点区域个数不同，热点区域数目最多集中在 PMS 第 11 层，其次是第 12 层，热点区域个数分别为 1 492 个和 1 140个。其余各个图层的热点区域个数按距第 11 层的距离呈现逐层递减的趋势，第 7、15、17、18 层的热点区域个数均在 120 个以下。PMS 热点区域个数从第 7 层到第 18 层呈现"中层级高，低层级与高层级低"的规律。

结合表 3.3 中天地图 PMS 不同图层的分辨率分析，得出热点区域集中出现在第11、12 层，其地图瓦片分辨率在 1∶250 000～1∶100 000。第 11、12 层 PMS 能显示街道分布信息及重要的城市区域信息，用户针对感兴趣的地图区域缩放 1～2 个层级，用以浏览详细信息或周边布局。上述图层基本满足用户的日常工作和生活需求。结合地图瓦片分辨率，过大或者过小的地图分辨率均会影响用户获取地图信息的完整性和详细性。

表 3.3　PMS 瓦片分辨率表

图层	分辨率	图层	分辨率
第 7 层	1∶2 500 000	第 13 层	1∶50 000
第 8 层	1∶1 250 000	第 14 层	1∶25 000
第 9 层	1∶1 000 000	第 15 层	1∶10 000
第 10 层	1∶500 000	第 16 层	1∶5 000
第 11 层	1∶250 000	第 17 层	1∶2 500
第 12 层	1∶100 000	第 18 层	1∶1 250

注：引自李锐等（2018）

2. 热点区域的间距分布

热点区域的间距中隐含着用户访问热点时空相关性的规律。计算同一图层中的两个热点区域的中心瓦片 C_i 和瓦片 C_j 在日期 t 的两两之间的经纬度实地距离 D_i。

$$\begin{cases} C = \sin y_i \cdot \sin y_j + \cos y_i \cdot \cos y_j \cdot \cos(x_i - x_j) \\ D_i(t, c_{x_i,y_i,l}, c_{x_j,y_j,l}) = r \cdot \arccos C \cdot \pi/180 \end{cases} \quad (3.20)$$

式中：x, y 分别为热点区域中心瓦片 C_i 和 C_j 的经度和纬度；r 为地球半径。由式（3.20）计算得到的间距数据剔除异常值数据后，得到约 100 000 个间距数据项构成天地图热点区域间距数据集 $D = \{d_{i,j,l}\} = \{d_1, d_2, \cdots, d_n\}$。间距数据集中的基本统计信息包括间距、图层、日期、间距对应的热点区域编号、中心瓦片经纬度和访问频次。

采用箱形图和频率密度直方图的统计分析方法研究分析热点区域间距。箱形图是一种样本数据统计图，其统计特征如下。

（1）箱形上、下横线分别为样本的上、下四分位数。对间距样本数组按从小到大的顺序重新排列得到 $D = \{d_{i,j,l}\} = \{d_1, d_2, \cdots, d_n\}$。样本上、下四分位数为

$$Q_1 = d_{3(n+1)/4} \quad (3.21)$$

$$Q_3 = d_{(n+1)/4} \tag{3.22}$$

（2）箱形中间的横线为间距样本的中位数，即

$$\begin{cases} d_{\mathrm{mid}} = d_{(n+1)/2}, & n\text{为奇数} \\ d_{\mathrm{mid}} = \dfrac{1}{2}[d_{n/2} + xd_{n/2+1}], & n\text{为偶数} \end{cases} \tag{3.23}$$

（3）箱形的上、下界分别在 $Q_1 - K(Q_3 - Q_1)$ 和 $Q_1 + K(Q_3 - Q_1)$ 样本序列中的数值位置，通常 $K = 1.5$。超过样本的上、下界的值称为异常值，异常值过多时，需要进行异常值剔除处理。

箱形图统计还有如下特征值。

（1）极差 d_{range}。样本序列最大值与最小值的差值，即

$$d_{\mathrm{range}} = d_{\mathrm{max}} - d_{\mathrm{min}} \tag{3.24}$$

（2）四分位距。样本序列中上、下四分位数的差值，即

$$R = Q_3 - Q_1 \tag{3.25}$$

根据式（3.21）～式（3.25）对热点区域间距数据集中的间距数据进行计算，得到热点区域间距分布分位数统计表（表 3.4）。

表 3.4　热点区域间距分布分位数统计表

概率值	分位数	概率值	分位数
$100\%d_{\mathrm{max}}$	6 101.546 7	$75\%Q_3$	1 517.216 1
$50\%d_{\mathrm{mid}}$	993.557 0	$25\%Q_1$	573.987 2
$0\%d_{\mathrm{min}}$	0.368 5	R	943.228 9
d_{range}	6 101.178 2	众数	703.655 6

注：引自李锐等（2018）

根据热点区域间距的分位数统计结果，绘制热点区域间距分布的箱形图（图 3.7）。图 3.7 中横坐标为热点区域间距，四分位距为 943 km，占极差的 15.46%。四分位距占极差的比例较小，热点区域间距分布比较集中，多数间距在 500～1 500 km。热点区域间距数据最小值是 368 m，说明在天地图用户访问 PMS 热点的邻近区域产生另一个热点区域的概率较大。

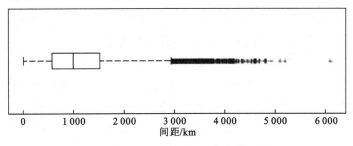

图 3.7　热点区域间距分布的箱形图

引自李锐等（2018）

从图 3.7 可以看出，这些热点区域的分布是聚集且连续的。这是由大多数 PMS 用户访问目的的相似性与聚集性导致的。小部分用户有其特殊的目的，由此生成的热点区域较其他热点区域的间距远。因此，热点区域间距频率密度统计图呈现"小间距多，大间距少"的分布形态。

直方图分析方法是统计学中数值型数据研究的重要组成。将热点区域间距数据集绘制为热点区域间距频率密度直方图（图 3.8）。

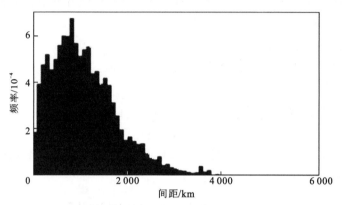

图 3.8　热点区域间距频率密度直方图

引自李锐等（2018）

图 3.8 显示热点区域的密度随间距的增大而增大，在间距约为 400 km 时达到小高峰；之后随着间距的继续增大而减少，在间距约为 500 km 时达到第 1 个谷值；随后热点区域对的密度发生反弹，不断增加，在间距约为 1 000 km 时达到极大值，说明间距约为 1 000 km 的热点区域对的数目最多；随后，热点区域对密度随着间距的增大缓慢递减至 0。

3. 热点区域间距的尺度特征

PMS 不同图层中热点区域的间距分布不一致。热点区域间距数据集为 $D=\{d_{i,j,l}\}$，按不同的图层属性将数据集划分为不同的子数据集，记为

$$D_l = \{d_{i,j,l}\} \tag{3.26}$$

式中：D_l（$l=1,2,\cdots,q$）为不同图层对应的间距图层划分子集；l 为间距数据的图层标识。对热点区域进行深入分析，使用第 7～18 层的间距数据子集绘制得到热点区域间距分布的箱形图（图 3.9）和间距频率密度直方图（图 3.10）。

由图 3.9 和图 3.10 可得出：PMS 第 9、10、11、12 层的热点区域间距分布与整体的间距分布相似。箱形图显示热点区域间距分布比较集中，多数间距在 500～1 000 km。间距密度直方图则稍有不同，热点区域密度随间距增加，呈现先增加后减小的变化趋势，且增长速度较下降速度快，因此也形成了"小间距多，大间距少"的分布形态。其余各层的热点区域间距的分布情况不具有明显的规律性。

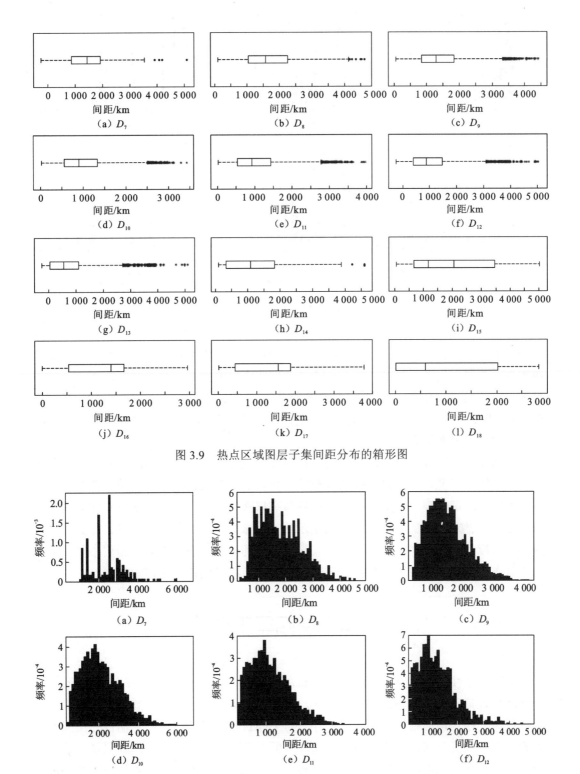

图 3.9 热点区域图层子集间距分布的箱形图

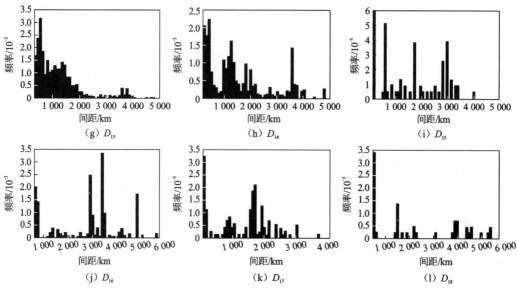

图 3.10　热点区域图层子集间距频率密度直方图

结合图 3.6，热点区域在第 9、10、11、12 层中的热点区域个数远高于其余图层，最小值为 775 个；其余各层的热点区域数量均较小，热点区域在 100 个左右。热点区域的分布在每层中各不相同：第 7、17、18 层热点区域较少，热点区域间距分布随机性强，没有明显规律性；用户访问 PMS 产生大量热点区域的图层（如第 10、11、12 层）中，间距的分布与图 3.8、图 3.9 中整体间距的分布相似，形成"小间距多，大间距少"的聚集分布形态。

以探求热点区域空间规律为目的，本小节对热点区域尺度、间距分布和间距尺度 3 种特征进行研究，发现热点区域分布具有显著的空间特征：热点区域个数在不同图层不相同，逐层呈现"中层级高，低层级与高层级低"的规律，主要分布在天地图第 11、12 层；热点区域的间距分布情况显示热点区域分布是聚集且连续的，热点区域间距频率密度统计图呈现"小间距多，大间距少"的分布形态；不同的图层中热点区域间距分布形态不同，图层中热点区域数量影响热点区域间距分布的随机性。

3.4　空间异质性

空间异质性是指空间中不同位置的属性或特征不同，即空间上存在分布的差异性。在网络地理信息公共服务的访问过程中，由于访问的目的、地区差异等因素的影响，不同地区的用户访问行为存在明显差异。与空间自相关结构有关的异质性在空间数据普遍存在。此类形式的异质性通常以高（或低）值的"局部聚簇"形式出现。这与从全局性质角度考虑的高（低）值空间自相关性形成了鲜明对比。前者突出不同聚簇之间的变异性，而后者侧重于聚簇内部的相关性，因此此类空间异质性通常会与空间自相关性成对出现。3.3 节讨论了用户访问网络地理信息公共服务的热点区域分布是聚集且连续的，存在空间自相关性。这种访问热点区域的聚集同样会导致不同访问区域之间的空间异质性。

基于用户访问位置与被访问位置建立空间关联模型，分析用户访问偏好，这种访问偏好差异会导致不同访问区域之间的差异。Fisher 等（2007a）通过构建热图可视化用户访问历史记录，直观了解用户访问热点区域；Li 等（2017c）基于主成分回归模型分析用户访问频率的区域差异特征；陈文静等（2021）构建用户-访问城市空间关联网络模型，基于用户对城市的访问概率实现城市关系网络的聚类，表达用户访问空间偏好。上述研究表明，用户对不同区域的访问存在偏好，这种访问偏好造成访问热点区域连续且聚集，同时也会导致不同区域之间存在访问行为的空间差异。准确识别用户在网络地理空间公共服务的访问行为上的空间异质性，对区域内改善服务器响应策略、提升地理信息服务水平具有重要意义。

3.4.1　时间属性特征的空间分布差异

李茹等（2019）基于天地图服务器端用户访问日志数据，统计分析群体活动在会话粒度下的差异特征，探索网络地图用户访问行为的时空分布模式。研究分析了用户对天地图网络地图服务的访问行为，将日访问会话数、访问会话持续时长、访问会话访问请求数及会话瓦片访问速度 4 个时间属性特征与用户所在省（区、市）进行关联，获得了全国 32 个省级行政区域（不含香港、澳门）的用户访问会话特征差异空间分布情况（图 3.11）。

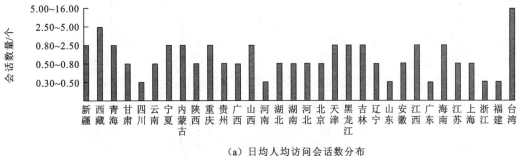

（a）日均人均访问会话数分布

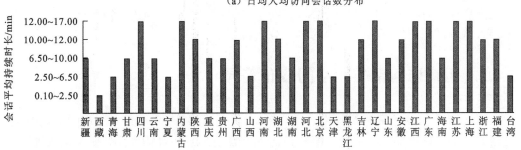

（b）访问会话平均时长

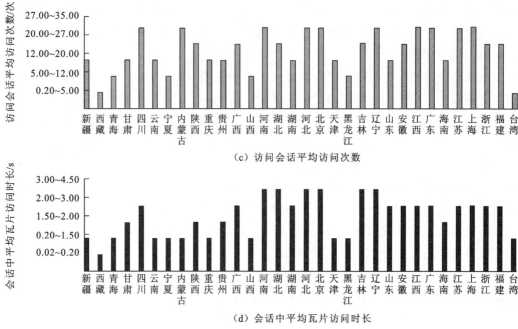

（c）访问会话平均访问次数

（d）会话中平均瓦片访问时长

图3.11 用户访问会话的省际差异分布

引自李茹等（2019）

由图3.11可以看出，全国各省份的用户访问特征存在明显的差异性。例如，全国各省份的日均人均访问会话数量分布呈现一定的"西多东少"特征，这可能与人口数量的分布有关。相对于东西部人口总量的巨大差异，网络地理信息服务的访问总量差异并不明显，东部地区庞大的人口数量导致日均人均访问会话数量相对较少。而全国各省份访问会话平均时长、访问会话平均访问次数分布、会话中平均瓦片访问时长等属性特征明显呈现"东南快西北慢"的特征，这可能与网速快慢、网络基础设施建设情况、用户对网络地理信息服务的熟悉程度有关。总体来看，信息化程度较高的东南及南部省份，对地理信息的需求相对稳定，单次会话持续时间长、请求量大、访问更为深入；信息化程度相对较差的西北内陆省份，日均人均会话数量多、单次会话持续时间短、请求量小、访问深度较浅。

上述研究表明，用户在访问网络地理信息公共服务时存在一定的空间异质性，不同地区的网络用户对网络地理信息公共服务的访问特征和模式存在差异。对用户访问时空异质性及背后驱动因素的研究，有助于了解用户访问行为的时空分布模式，从而更深入地理解用户地理信息需求的时空分布特征。

3.4.2 用户访问聚类的空间分布差异

陈文静等（2021）通过构建用户-访问城市关系网络，基于用户对城市的访问概率，实现城市关系网络的聚类，表达用户访问偏好及用户访问聚集特征。研究以天地图服务器端的用户访问日志作为访问行为数据，以我国大陆地级以上的284个城市作为用户所在地与访问地点，过滤出近2万条访问记录，对数据预处理提取用户轨迹。利用概率模糊 C-均值聚类算法（possibilistic fuzzy C-means clustering algorithm，PFCM），通过多源数据融合，构建了用户–访问城市关系网络模型。实验结果表明，随着聚类中城市群个数的增加，用户的访问聚集结果在地图上出现明显的界限，且与我国城市群的划分接近。

选取 k 值分别等于 2、5、7、10、12、15 时，对城市群的聚类结果及用户访问聚集行为形成的用户城市群的分裂趋势进行分析。如图 3.12 所示，随着 k 取值增大，用户访问聚集结果在空间上逐渐出现差异性，聚集结果逐渐与现实中的城市群类别划分接近。

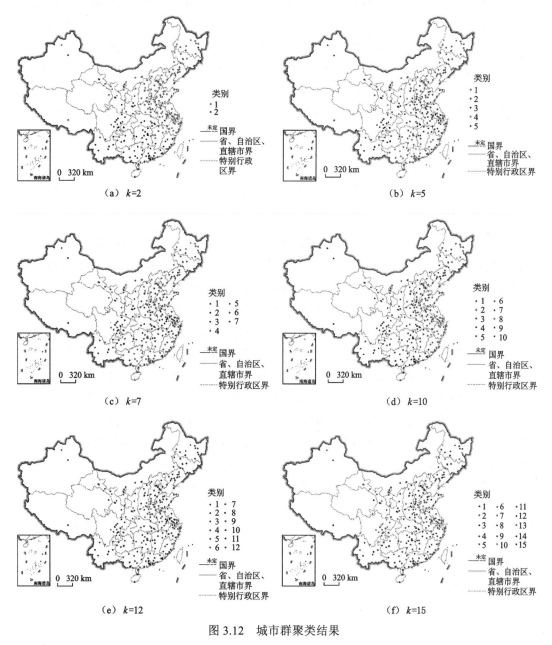

图 3.12　城市群聚类结果

由于数据获取困难，研究不包括香港、台湾和澳门；引自陈文静等（2021）

上述聚类结果表明，用户更偏向访问与自己所在城市接近且相关性较高的城市。这一访问行为偏好导致用户访问的区域呈现城市群的特征。城市群是指在特定地域范围内依托发达的交通通信等基础设施网络所形成的空间组织紧凑、经济联系紧密、最终实现高度同城化和高度一体化的城市群体。同一城市群之间用户相互访问行为更紧密，具有空间上的自相关性，但同时不同城市群间的访问存在明显的差异，具有空间异质性。

本节从时间属性特征和热点区域访问聚类两方面讨论了用户对网络地理信息服务访问行为中存在的空间异质性。通过对用户访问的时间属性特征与用户所在省份进行关联，可以明显看出用户访问行为的时间属性明显呈现"东南快西北慢"的特征差异。在城市尺度上，基于用户对城市的访问概率实现城市关系网络的聚类，结果显示用户更偏向访问与自己所在城市接近且相关性较高的城市。这一访问行为偏好导致用户访问的区域呈现城市群的特征，且随着聚类城市群的增加，访问聚集结果与中国城市群划分接近。上述用户访问偏好导致的空间分布差异表明用户访问行为存在空间异质性。

3.5　本章小结

用户对网络地理信息系统的访问存在模式性，对用户行为模式的分析有助于更好地提升网络地理信息系统的服务水平。本章从时间和空间两个维度对用户访问网络地理信息公共服务的行为模式进行分析，并探究用户行为的时空模式。研究表明，用户的访问行为存在时序模式性，访问强度具有多峰值、变强度及周期性的特点，同一周期内用户访问到达率波动较小，具有时间自相关性，这为用户访问模式的预测提供了基础。空间模式方面，用户对网络地理信息公共服务的访问存在热点区域，且热点区域的分布是聚集且连续的，存在空间自相关性。在省级尺度上，用户的访问行为存在空间差异，信息化程度较高的东南及南部区域相比于西北内陆省份对地理信息的需求相对稳定，单次会话持续时间长、请求量大、访问更为深入。同时在城市尺度上，用户更偏向访问与自己所在城市接近且相关性较高的城市，这一访问行为偏好导致用户访问的区域呈现城市群的特征。上述用户行为模式的分析有助于了解用户的地理信息公共服务需求，进而建立时空访问模型，并探究用户访问行为的驱动机制。

第章

用户行为的时空统计与模型分析

  网络地理信息系统中的用户行为兼具时空维度特征，需要从时间和空间等多个维度进行深入研究。当前，关于网络地理信息系统用户行为时空特征的研究大多基于数据驱动，但针对网络地理信息系统用户行为的公开数据资源较少，仅有部分研究基于 Google 地图、Bing 地图、百度地图和天地图的日志数据开展，且不同数据驱动下的用户行为时空特征研究具有较强的数据依赖性。为此，学术界已经在用户行为的空间统计与模型分析领域开展了较为深入的研究，为进一步挖掘用户行为的时空规律提供模型支持。

  本章面向网络地理信息系统中用户行为特征分析，介绍相关的空间统计特征模型及分析方法的研究进展，主要从以下几个方面展开综述：①针对单个网络地理信息系统瓦片上的用户行为，顾及访问热度的幂律分布特征，介绍基于幂律特性的访问热度分布模型；②针对多个网络地理信息系统瓦片之间用户行为的时空关联特征，介绍地理空间数据访问的时空关联模型；③针对用户行为时序分解特征，考虑网络地理信息系统中访问负载的组成和结构，介绍基于层次分析的访问负载组合预测模型。

4.1 基于幂律特性的用户访问行为分析

用户对网络地理信息系统瓦片的访问热度遵循幂律分布，数据拟合的分布参数反映了用户访问行为的统计特征。把握用户访问行为分布特征，准确构建模型以模拟用户访问行为是实现高效缓存预取与控制的基础，也是网络地理信息系统设计的重要内容。本节介绍用户访问行为的幂律分布特性，并总结基于幂律特性的用户访问行为数学模拟模型及分布参数估计方法。

4.1.1 访问行为的幂律分布特性

现有研究表明，在网络地理空间中，用户对网络地理信息系统瓦片的访问行为具有偏倚性和重复性，访问模式满足社会学的"二八原则"。Fisher（2007a）首先提出了使用日志文件可视化用户行为的 Hotmap 方法，通过分析若干地图瓦片的点击数据，发现地图瓦片的点击数遵循幂律分布。Talagala 等（2000）也基于瓦片访问数据观察到瓦片的访问热度遵循齐普夫（Zipf）分布。王浩等（2010）则开发了 GlobeSIGht 软件，利用其分析网络地理信息系统瓦片的命中次数以探究瓦片访问模式特征，证实网络地理信息系统瓦片访问模式很好地遵循了幂律分布中的 Zipf-like 分布。

从 GlobeSIGht 服务器中可以获取各个时间点的日志文件。基于访问日志数据拟合网络地理信息系统瓦片的访问率特征曲线，由此揭示网络地理空间中的瓦片访问模式遵循 Zipf-like 分布。按照瓦片的访问概率对瓦片从大到小排列，其分布特性可以由式（4.1）归纳：

$$P_i = \frac{C}{i^\alpha} \qquad (4.1)$$

式中：P_i 为第 i 个瓦片的访问频率；C 为归一化常数；α 为分布参数。

观察访问日志数据的拟合曲线可知，对于具有幂律特性的用户访问行为，瓦片访问频率的对数和瓦片访问等级的对数都与斜率为负的直线相关。用户的瓦片访问行为表现出 Zipf-like 分布固有的重尾特性，这意味着网络地理信息系统中的许多瓦片位于低访问频率区域，只有少数瓦片位于高访问频率区域。

4.1.2 访问热度分布模型

1. 基于幂律分布的访问行为模型

在网络地理信息系统用户访问行为研究领域，从模型输入数据的来源出发，现有研究可以归纳为基于原始样本数据和基于数学模拟数据两大类。

基于原始样本数据的研究直接使用历史日志文件描述用户访问行为，基于原始数据拟合用户访问瓦片的访问频率分布曲线，利用最小二乘（least square，LS）估计得到分布参数α的近似值（Shi et al.，2005）。然而，由于地理空间瓦片访问兼具时间和空间特性（Ganguly et al.，2007），如果部分瓦片的访问频率发生变化，分布参数α也将相应改变，此时需要更新数据集，重新拟合分布曲线并估算分布参数（Li et al.，2012）。因此，基于原始样本数据的方法虽然容易实现，但从日志文件中提取样本数据需要很长的时间，原始数据的更新速度具有局限性，不足以满足网络地理信息系统的应用需求。

为了更准确地研究瓦片访问行为，Li 等（2014）构建了 Zipf-like 分布的数学仿真模型（mathematical simulation model of Zipf-like distribution，Zipf-like MSM），利用该数学模型模拟瓦片访问请求，进而研究访问频率高的网络地理信息系统瓦片对象的属性。在该模型中，假设α为 Zipf-like 分布参数，N为瓦片总数，M为用户请求总数，在[0, 1]上划分N个区间，并在区间内获取M个随机值，每个随机值必然位于一个既定区间内。因此，这些随机值遵循 Zipf-like 分布函数，如下所示：

$$F(k)=P\{X\leqslant k\}=\sum_{x_i\leqslant k}P\{X=x_i\}=\sum_{i=1}^{k}\left(\frac{C}{i^\alpha}\right),\quad i=1,2,\cdots,k \tag{4.2}$$

式中：$F(k)$为获取第k个瓦片访问频率的函数。根据$F(0)$，$\cdots$，$F(k)$，$\cdots$，$F(N)$的值，区间k的大小可表示为$F(k+1)-F(k)$。

该模型可以在短时间内自动生成对每个瓦片的访问频率序列，模型算法流程如下。

（1）对于N个瓦片，定义 Visits 为一个数组，其中包含对每个网络地理信息系统瓦片的访问次数，其中 Visits $=\{V_i\,|\,1\leqslant i\leqslant N\}$。初始化 Visits：定义$i=1,2,\cdots,N$，初始化$V_i=0$。

（2）对于 Zipf-like 定律中的常数C，满足：$C=\left(\sum_{i=1}^{N}\frac{1}{i^\alpha}\right)^{-1}$。

（3）假设瓦片访问频率服从 Zipf-like 分布。设F是长度为$N+1$的符合 Zipf-like 分布的数组，$F=\{F[k]\,|\,0\leqslant k\leqslant N\}$，其值确定如下：

如果$k=0$，则$F[k]=0$；

如果$k=1,2,\cdots,N-1$，则$F[k]=P\{X\leqslant k\}=\sum_{x_i\leqslant k}P\{X=x_i\}=\sum_{i=1}^{k}\left(\frac{C}{i^\alpha}\right)$；

如果$k=N$，则$F[k]=1$。

（4）创建一个随机值R，通过设置不同的随机种子，在$(0,1)$内获取M个观测值。对于R的每个值，若$F[k]\leqslant R\leqslant F[k+1]$，则 Visits$[k]=$Visits$[k]+1$。

每一个随机值R都可以看作对一个瓦片的访问概率，而间隔区间k可以视为瓦片k。因此，当随机值R落在间隔区间k中，可以视为模拟了对瓦片k的访问行为。对于位于$(0,1)$内的R，其数值在$F[k]$中确定，该值符合 Zipf-like 分布。进而，通过在 Visits$[k]$中添加随机值，可以得到每个瓦片的访问次数序列。

基于原始日志文件数据的拟合分析结果（王浩 等，2010），定义模型的输入参数值，将相应参数代入模型公式，得到针对原始日志文件数据的仿真模型，如式（4.3）所示：

$$P_i = \begin{cases} 0.058\,43, & i=1 \\ \dfrac{0.081\,9}{i^{0.329\,31}}, & 2 \leqslant i \leqslant 100 \\ \dfrac{0.183\,57}{i^{1.000\,74}}, & 101 \leqslant i \leqslant 6\,571 \end{cases} \tag{4.3}$$

基于式（4.3）对应的仿真模型生成模拟数据，分析模拟数据的频率分布情况，仿真实验结果如图 4.1 所示。图 4.1 表明 Zipf-like MSM 产生的访问序列遵循 Zipf-like 分布，与原始样本数据的拟合曲线一致。具体地，模拟数据的频率分布曲线描述了模拟用户访问行为的幂律特性：瓦片访问曲线存在明显的分段特征，整体上由多个区间组成，当 $i=100$ 时，存在一个拐点，揭示了 Zipf-like 定律固有的重尾特性，这意味着许多瓦片位于低访问频率区域，而只有少数瓦片位于高访问频率区域。同时，在每个区间中，瓦片访问频率的对数和瓦片访问等级的对数都与斜率为负的直线相关，这很好地满足了 Zipf-like 定律。

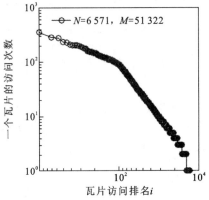

图 4.1　Zipf-like MSM 生成的瓦片的访问次数序列

图 4.2 给出了按每个瓦片上的访问次数排序的仿真数据分布情况，其与 Fisher（2007a）基于 Hotmap 方法的研究结果一致。对比来看，Fisher（2007a）的研究基于 100 多万个数据点，数据分布密集，进而有足够的信息定义一个可信的数据分布；而 Zipf-like MSM 生成的瓦片访问数据点数少于 10 万个，数据分布更加稀疏，但其所得数据分布表现出同样的现象。因此，可以得出结论：基于 Zipf-like MSM 得到的瓦片访问频率序列满足 Zipf-like 分布，并形成与基于原始样本历史日志数据的研究相同的曲线形状。综上所述，用数学方法模拟用户访问行为是可行的，其可以在较短的时间内生成符合幂律特性的用户访问行为模拟数据，而不依赖于耗费时间的数据日志集合。

2. 分布参数估计

在网络地理空间的用户访问行为研究中，访问行为分布参数 α 不是固定的常数，随着时间变化，部分网络地理信息系统瓦片的访问频率会发生改变，进而造成访问行为分布参数 α 的取值改变。因而，动态估计分布参数 α 是用户访问行为分析的关键问题之一。

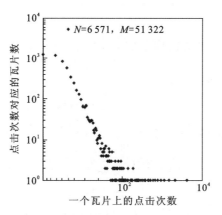

图 4.2   Zipf-like MSM 生成的瓦片使用频率图

在分布参数估计领域，经常利用最小二乘估计（Chatterjee et al.，2006）或等价最大熵构造线性回归方程的方法（Fang et al.，2010）来获得参数值。然而，各种研究表明，最小二乘估计方法无法获得准确的分布参数 α，如图 4.3 所示。Fang 等（2008）论证了最小二乘估计对异常值非常敏感，并提出了一种新的鲁棒概率模型来解决此问题。最小二乘估计对异常值非常敏感的原因在于：方法集中于对所有数据进行拟合，但大部分网络地理信息系统瓦片的访问频率集中分布在低频区域，因此来自高频区域的数据在模型中并不能得到足够重视，导致拟合精度出现大幅下降。

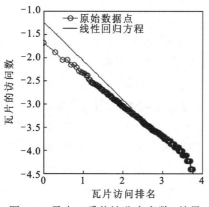

图 4.3   最小二乘估计分布参数 α 结果

对于 Zipf-like 分布，若仍采用最小二乘（LS）估计分布参数 α，无法克服在高访问频率区域拟合精度低、在低访问频率区域存在重尾现象的问题，这对研究用户访问行为有负面影响。Li 等（2014）通过研究用户访问行为的幂律分布特性，提出了一种新的参数估计算法：对于分布参数 α，当 α 接近 1 时，利用矩估计法（moment method of estimation，MME）获取 α 的值；当 α 远大于 1 时，利用对瓦片访问请求的缓存命中率，采用一种基于缓存瓦片数量临界值的 LS 估计方法估计 α。

首先，讨论分布参数 α 接近 1 的情况。定义 Zipf-like MSM 产生的瓦片访问序列随机变量为 X，N 为瓦片总数。由式（4.1）得到如下结论：

$$i = \left(\frac{C}{P_i}\right)^{1/\alpha} \tag{4.4}$$

X 的原点矩为

$$E(X) = \sum_{i=1}^{N}(i \cdot P_i) \tag{4.5}$$

由式（4.4）与式（4.5）得到如下结果：

$$E_{\text{changed}}(X) = \sum_{i=1}^{N} P_i \cdot \left(\frac{C}{P_i}\right)^{1/\alpha} \tag{4.6}$$

MME 的流程如下所示。

（1）由式（4.5）获取 $E(X)$，并对 P_i 进行排序，得到集合 P。

（2）用差值最小法求出 α 的最优值。

①设 S 为估计误差集合，计算 S 元素如下：

对于 $\alpha \in [0.000\,1, 0.999\,9]$，步长 $0.000\,1$，迭代计算为

$$E_{\text{changed}}(X) = \sum_{i=1}^{N} P_i \cdot \left(\frac{C}{P_i}\right)^{1/\alpha}$$

$$j = j + 1$$

$$S_j = \text{abs}(E - E_{\text{changed}})$$

②在集合 S 中寻找最小值，赋予该值的索引为 j：$[S_{\min}, j] = \min(S)$。

③$\alpha(j)$ 是期望的估计。对于一个实际参数 α，确定存在一个集合 S，$S = \{S_j \leqslant j \leqslant 9\,999\}$，包含一个最小误差值 $S_{\min}$。对于 α，步长值越小，$S_{\min}$ 越小。此外，$S_{\min}$ 是唯一的，因此 α 的估计值也是唯一的。

将 MME 与 LS 估计方法进行比较，设置 Zipf-like 数学模拟模型的输入参数为 $0.70 \sim 0.99$。从图 4.4 可以明显看出，MME 比 LS 更准确。当 α 的值越接近 1 时，MME 对 α 的估计越精确；但随着 α 远大于 1，拟合程序的有效性稳步下降。表 4.1 列出了 MME 与 LS 的估计误差，当分布参数 α 分别取 $0.60 \sim 0.69$、$0.70 \sim 079$、$0.80 \sim 0.89$、$0.90 \sim 0.99$ 时，MME 的估计误差均远小于 LS，进一步说明了 MME 相较于 LS 能够更准确地估计分布参数 α 接近 1 时的分布参数数值。

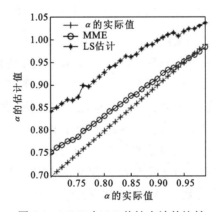

图 4.4　MME 与 LS 估计方法的比较

表 4.1 不同方法的估计误差比较

方法	估计误差/%			
	$\alpha=0.60\sim0.69$	$\alpha=0.70\sim0.79$	$\alpha=0.80\sim0.89$	$\alpha=0.90\sim0.99$
LS	19.558 8~24.683 3	16.316 5~20.471 4	11.269 7~16.049 4	4.737~10.888 9
MME	7.573 5~12.583 3	4.430 4~7.614 3	1.943 8~4.162 5	0.041 7~1.846 2
CCLSM	2.865 7~4.833 3	2.772 2~4.896 1	2.477 3~3.325 6	—
带曲线平移的 CCLSM（α的偏移值为 0.03）	0.101 4~1.611 9	0.000 1~2.026 3	0.162 8~1.000 0	—

注：CCLSM（LS estimation method based on critical value of number of cached tiles，基于缓存瓦片数临界值的 LS 估计方法）

4.1 节提到，在网络地理信息系统的整体访问区域中，基于用户访问行为划分网络地理信息系统瓦片，可以得到区分显著的高访问频率区域和低访问频率区域。在低访问频率区域中，网络地理信息系统瓦片的访问次数一般在 100 次以内，有的瓦片甚至根本不被访问。因此，在网络地理信息系统中缓存所有的瓦片访问请求是对缓存资源的浪费。对于高访问频率区域，从网络向服务器的访问请求涉及大量重复的网络地理信息系统瓦片，服务器则可以利用这种重复有效管理瓦片访问缓存。综合上述分析，可以通过在低访问频率区域放弃部分访问数据，以提高整体的估计精度。

基于上述情况，针对分布参数 α 远大于 1 的情况，优化参数估计方法的关键在于寻找高访问频率瓦片的访问量临界值，舍弃那些访问量小于临界值的瓦片，进而使拟合高访问频率区域的曲线与实际值更接近。因此，需要研究瓦片缓存大小、命中率和分布参数 α 之间的关系，Shi 等（2005）提出如下方程：

$$\begin{cases} k = N \cdot h^{\frac{1}{1-\alpha}}, & \alpha < 1 \\ k \approx e^{h \cdot N}, & \alpha = 1 \end{cases} \tag{4.7}$$

式中：k 为访问频率高的需要缓存的瓦片数，即高访问频率瓦片的访问量临界值；h 为稳态缓存命中率；N 为瓦片总数。由式（4.7），在给定缓存瓦片数 k 和命中率的假设下，可以计算出稳态缓存命中率 h，以及对应的分布参数 α。

在上述 MME 方法的基础上，Li 等（2014）提出了一种利用缓存瓦片数临界值和最小二乘估计方法（CCLSM）估计 α 值的算法，算法流程如下。

基于 Zipf-like MSM 得到模拟访问数据，作为模型输入。计算访问概率 P_i 并将其从大到小排序，得到矩阵 $\boldsymbol{P}$。定义变量 r 为 $\boldsymbol{P}$ 的长度，$k \in (1, r)$。

由 $k = N \cdot h^{\frac{1}{1-\alpha}}$，对 α 和 h 设定临界阈值，确定临界缓存大小 k。

（1）α 的临界阈值。利用 MME 得到一个 α 的主值 α_{pri}，对于 $0 < \alpha < 1$，设 $\alpha_{min} = \max(0, \alpha_{pri} - 0.5)$ 和 $\alpha_{max} = \min(\alpha_{pri} + 0.5, 1)$。以 0.01 的增量将 α 值从 α_{min} 增加到 α_{max}。变量 u 表示所需迭代次数。

（2）h 的临界阈值。在步骤（1）的每次迭代中，获取 α，$1 \leqslant k \leqslant r$，并确定 h_{min}

和 h_{max}。实际应用中，为保证命中率不太低，设 $h_{min} \geqslant 0.5$。对于步骤（1）中的每次迭代，以 0.01 的增量将 h 值从 h_{min} 增加到 h_{max}。变量 v 表示所需的迭代次数。

（3）对于每个外环和每个内环，确定一个 α 值，计算其对应的唯一 k 值。

利用前 k 个瓦片 $P_i\,(i=1,2,\cdots,k)$ 作为 LS 估计算法的输入对象，得到 α 的估计和决定系数 R^2。计算矩阵 $\boldsymbol{R}^2_{u\times v}$，找出最大元素及其索引。该指数对应的 α 值即为期望的估计值。

将 CCLSM 算法与 MME 算法进行比较，设置 Zipf-like MSM 的输入参数为 0.60～0.89，增量为 0.01。由图 4.5 可知，在 α 偏离 1 较大时，随着 α 不断增大，CCLSM 得到的 α 值的估计误差比 MME 得到的估计误差要小，即 CCLSM 改善了估计误差。同时，图 4.5 表明用 CCLSM 得到的拟合曲线与实际数据对应的曲线平行。在实际应用中，可以采用平移拟合曲线等校正方法，得到对 α 的准确估计。表 4.1 给出了 MME、CCLSM 和曲线平移操作的 CCLSM 之间的估计误差的比较，当分布参数 α 分别取 0.60～0.69、0.70～079、0.80～0.89 时，CCLSM 的估计误差均远小于 MME 方法，证明 CCLSM 能够更准确地估计分布参数 α 远大于 1 时的分布参数数值。同时，采用曲线平移操作校正 CCLSM 拟合结果后，估计精度得到大幅提高。

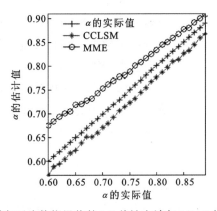

图 4.5　基于缓存瓦片数临界值的 LS 估计方法与 MME 估计方法的比较

4.2　地理空间数据访问的时空关联模型

用户对网络地理信息系统瓦片的访问表现出聚集特征和规律性分布的时空行为模式。理解并定量描述网络地理信息系统中用户访问行为的时空模式是实现地理空间数据实时更新、网络地理信息系统动态维护和网络地理信息系统计算资源利用策略优化等的基础，进而为提高网络地理信息系统服务能力并应对大量用户请求的挑战提供模型支持。本节介绍本课题组关于地理空间数据访问的时空关联模型的研究成果。考虑地理空间数据访问的时序模式，基于时序的瓦片访问热度分布构建高斯混合定量描述模型（Li et al.，2018a）；考虑地理空间数据访问的空间关联，度量用户访问行为的空间相关性，并在此基础上构建泊松回归模型（Li et al.，2017a）。

4.2.1 基于时序的瓦片访问热度分布模型

1. 瓦片访问概率的时序分布

对海量用户日志的定性分析表明，用户访问行为的时序相关性与时间序列的时间间隔有关，且网络地理信息系统瓦片的访问频率具有局部聚集特性。对于某一瓦片，在时间序列上与热点访问时刻邻近的未来时刻同样会有较高的访问概率，使用当前时间和最后访问时间之间的时间间隔表示这种时间相关性。由于访问热度具有短时相关性和随时间变化的特点，跟踪访问热度已经成为捕获用户访问时间相关性的一种手段，这类方法包括频率法（Kang et al.，2012）、基于年龄的操作方法（Ming et al.，2012）等。然而，这些方法依赖于大量的访问历史数据，无法实现对时序访问热度的快速识别与提取。

瓦片的访问频率随时间变化，采用时间序列方法研究用户访问行为及时间规律。用户访问网络地理信息系统平台的频率会随日常工作和休息的节奏而变化，网络地理信息系统瓦片访问概率的时间序列规律不仅与瓦片访问频率的时序变化有关，还与平台访问频率的时序变化相关。由此，可以根据用户访问行为的样本数据枚举得到网络地理信息系统瓦片访问频率和网络地理信息系统平台访问频率，综合二者计算瓦片访问概率。具体地，在随机过程理论的基础上，假设瓦片访问频率与平台访问均满足随机且独立的增量过程函数，由此得到瓦片访问频率的时间序列分布和平台访问频率的时间序列分布，在其基础上得到最终的瓦片访问概率的时间序列分布。假设一个网络地理信息系统平台中的瓦片集合为 Tiles = $\{\zeta_{x,y,l}\}$，其中 x, y 表示瓦片 $\zeta_{x,y,l}$ 的位置坐标，l 表示瓦片 $\zeta_{x,y,l}$ 的图层编码。对于上述假设，详细定义如下。

假设 1　对于每个瓦片 $\zeta_{x,y,l} \in$ Tiles，存在一个时间函数 $F(\tau, \zeta_{x,y,l})$，其中 τ 为时间矩，定义 $F(\tau, \zeta_{x,y,l})$ 为瓦片 $\zeta_{x,y,l}$ 在时段 $(0, \tau]$ 内的用户访问频率，$F(\tau, \zeta_{x,y,l})$ 是随机独立的增量过程函数，使瓦片 $\zeta_{x,y,l}$ 在两个不同的时间间隔内访问频率是独立的。

假设 2　存在一个时间函数 $F(\tau)$，其中 τ 为时间矩，$F(\tau)$ 为网络地理信息系统中在时段 $(0, \tau]$ 内所有瓦片的访问频率，因此 $F(\tau)$ 是一个随机独立的增量过程函数，网络地理信息系统平台的访问频率在两个不同的时间间隔中是独立的。

综上所述建立了瓦片访问概率的时间序列分布模型（Li et al.，2018a）。根据随机过程理论（Koralov et al.，2007），瓦片访问频率的时间序列如假设 1 所述。值得注意的是，瓦片访问概率特指单个瓦片相对网络地理信息系统平台中所有被访问瓦片的访问概率。从假设 2 出发，建立所有被访问瓦片的时间序列访问概率分布模型。根据假设 1 和假设 2，定义瓦片 $\zeta_{x,y,l}$ 在一个随机时间间隔内的访问概率为 $P\{t, \zeta_{x,y,l}\}$，在时间区间长度为 t 内，$P\{t, \zeta_{x,y,l}\}$ 的计算公式如下：

$$P\{t, \zeta_{x,y,l}\} = \frac{F(\tau + t, \zeta_{x,y,l}) - F(\tau, \zeta_{x,y,l})}{F(\tau + t) - F(\tau)} \tag{4.8}$$

将一个服务周期按时间序列划分为 N 个等间隔时段，按照时序排列瓦片 $\zeta_{x,y,l}$ 每个时段的访问概率，形成一个时间序列 $Z(t, \zeta_{x,y,l})$，如式（4.9）所示，其中 $P(t_i, \zeta_{x,y,l})$ 为瓦片 $\zeta_{x,y,l}$ 在时段 t_i 的访问概率：

$$Z(t, \zeta_{x,y,l}) = \{P(t_1, \zeta_{x,y,l}), P(t_2, \zeta_{x,y,l}), \cdots, P(t_N, \zeta_{x,y,l})\} \tag{4.9}$$

基于假设 1 和假设 2 定义瓦片访问概率的时间序列分布，相应的时间序列模型则建立在对这种概率分布的分析之上。为了保证访问概率在时间序列分布上的准确性和及时性，并方便用聚类方法分析时间变化，规定以 10 min 为时间间隔，统计瓦片的访问频率和访问概率。图 4.6 是瓦片 $\zeta_{x,y,l}$ 在 1 天内访问概率的时间序列 $Z(t, \zeta_{x,y,l})$，其中 X 轴表示 10 min 间隔的时隙，Y 轴表示瓦片 $\zeta_{x,y,l}$ 在每个时隙的访问概率。

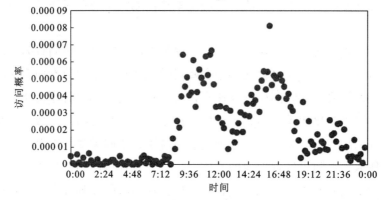

图 4.6　瓦片访问概率的时间序列分布

由图 4.6 可知，瓦片访问概率具有短期变化特征的时间模式。用户的瓦片访问概率在短周期内表现为多个峰值。访问强度随时间变化，在一个短周期内，当访问频率迅速增加时出现高峰时段，当访问频率快速下降时出现消亡时段，但访问概率最终会演化为稳定状态。从图 4.6 还可以看出，随着时间的推移，访问概率的分布曲线变化平稳，并且由于每个访问概率峰值位于曲线波的中点，瓦片访问概率具有高值聚集性。稳定的变化趋势意味着瓦片访问概率曲线从瓦片访问概率的均值处向两侧均匀下降。综合来看，这些分布特性满足高斯混合模型（Gaussian mixture model，GMM）的特征要求。因此，可以在 GMM 的基础上挖掘瓦片访问概率的时间序列规律，以准确预测热点瓦片及其被访问概率。

2. 瓦片访问概率的高斯混合模型

高斯模型使用高斯概率密度函数量化物理现象，包括单高斯模型和高斯混合模型两种类型。单高斯模型反映自然界中普遍存在的随机变量的概率分布，其形态为一条正态分布曲线，分布具有同心性和均匀变化的特点。单高斯分布的概率密度分布函数如式（4.10）所示：

$$\phi(t|\theta) = \frac{1}{\sqrt{2\pi}\sigma} \exp\left(-\frac{(t-\mu)^2}{2\sigma^2}\right) \tag{4.10}$$

式中：$\theta = (\mu, \sigma)$，μ 和 σ 分别为高斯分布的均值和方差。

图 4.6 所示的网络地理信息系统瓦片访问概率的时间序列分布具有多个峰值，单高斯模型并不能很好地拟合这种分布，此时需要引入高斯混合模型（GMM）。在自然科学和社会科学研究领域，GMM 已经被广泛应用于复杂数据的建模。GMM 用于描述混合概率密度函数，能够表征由多个单高斯分布的线性组合构成的包含多种模式的分布，这些模式能够平滑地近似拟合任何形状的密度分布。

将瓦片访问概率分解为若干条正态分布曲线，根据时间序列建立瓦片访问概率的高斯混合模型（GMM for tile access probability，TAP-GMM），该模型能够准确地表示瓦片访问的概率分布（Li et al.，2018a）。定义 TAP-GMM：对于 $Z(t, \zeta_{x,y,l}) = \{P(t_1, \zeta_{x,y,l}), P(t_2, \zeta_{x,y,l}), \cdots, P(t_N, \zeta_{x,y,l})\}$，如果分布不具有椭球形，则用线性组合的 K 个高斯概率密度函数描述瓦片 $\zeta_{x,y,l}$ 在每个时段内的访问概率。式（4.11）描述了基于时间序列分布的瓦片访问概率的高斯混合分布函数：

$$P(t|\theta, \zeta_{x,y,l}) = \sum_{k=1}^{K} \alpha_k \phi(t|\theta, \zeta_{x,y,l}), \quad \sum_{k=1}^{K} \alpha_k = 1, \quad \alpha_k \geqslant 0 \tag{4.11}$$

式中：K 为高斯分量个数；α_k 为第 k 个高斯分量的权重，第 k 个高斯分量的均值为 μ_k，其方差 σ_k 满足 $\theta_k = (\mu_k, \sigma_k)$。

TAP-GMM 是 K 个高斯概率密度函数的线性组合，其中 K 是决定 TAP-GMM 精度的关键参数。估计参数 K 的常用方法包括贝叶斯推理准则（Schwarz，1978）、使用最小信息长度的最短数据描述方法（Rissanen，1978）和 Kolmogorov 复杂度（Wallace，1999）。在这些经典方法的基础上，Xu（2002；1995）提出了贝叶斯阴阳和谐学习系统（the Bayesian Yin and Yang harmony learning system，BYY-HLS），以估计高斯混合模型的最优 K 值。在 BYY-HLS 中，如果高斯分量数小于初始定义值，在参数学习过程中可以将冗余的高斯分类压缩为零，基于自适应选择方法为 K 选取合适的值。使用 BYY-HLS 得到 TAP-GMM 的最优 K 值，避免了模型数据的过度拟合且不丢失数据精度。

3. 分布参数估计

利用 BYY-HLS 确定 TAP-GMM 参数 K 的最优值后，需要估计 TAP-GMM 的线性组合参数，以准确表达访问概率分布。通常使用期望最大化（expectation maximization，EM）算法进行 GMM 参数估计。EM 算法对包含隐变量的概率参数模型执行极大似然估计或最大化后验估计，多次迭代估计参数，直到收敛。

EM 算法的基本思想如下：首先，随机初始化一组参数 $\theta_{oj} (0 < j < k)$，并估计每个高斯分量的权值 α_k；然后，根据估计的权重值 α_k，为每个高斯分量确定参数

$\theta_k = (\mu_k, \sigma_k)$。重复上述两个步骤，直到每个估计值波动很小，估计值近似接近极值。当两个迭代之间的参数变化小于给定阈值或迭代达到给定阈值时，EM 迭代终止。EM 简单稳定，但由于初始值选取随机，容易陷入局部最优解，影响参数估计的准确性。此外，当 EM 涉及大量数据时，初值的选取方法会增加迭代次数，成倍增加了算法复杂度。

估计瓦片访问概率的时序分布的多峰特征，为了降低算法计算复杂度，提高算法精度，提出一种基于改进 EM 的 K 簇参数估计优化方法。利用 BYY-HLS 得到的 K 值，采用 k 均值聚类方法对序列 $Z(t, \zeta_{x,y,l})$ 进行聚类分析，得到 K 簇，其中每簇代表 TAP-GMM 中一个组成部分。利用式（4.10）求解 $\theta_k = (\mu_k, \sigma_k)$ $(0 < k < K)$ 的相应参数，即为第 k 个高斯分量。对于第 k 个高斯分量，将 $\theta_k = (\mu_k, \sigma_k)$ 作为初值 θ_{ok} $(0 < k < K)$，根据初始值 θ_{ok} $(0 < k < K)$ 对每个高斯分量进行参数估计。参数估计算法的具体步骤如下：

设时间序列 $Z(t, \zeta_{x,y,l})$ 的第 k 个高斯分量 $P(t_i, \zeta_{x,y,l})$ 的值为 $\gamma_k(t_i, \zeta_{x,y,l})$，如式（4.12）所示：

$$\gamma_k(t_i, \zeta_{x,y,l}) = \frac{\alpha_k \phi(t_i \mid \theta_{ok}, \zeta_{x,y,l})}{\sum_{k=1}^{K} \alpha_k \phi(t_i \mid \theta_{ok}, \zeta_{x,y,l})}, \quad k = 1, 2, \cdots, K \tag{4.12}$$

求解最大概率 $P(t_i \mid \theta, \zeta_{x,y,l})$ 的 θ 值，其为 TAP-GMM 的极大似然函数，如式（4.13）所示：

$$\prod_{i=1}^{N} P(t_i \mid \theta, \zeta_{x,y,l}), \quad 0 < i < N \tag{4.13}$$

对式（4.13）取对数，如式（4.14）所示：

$$\sum_{i=1}^{N} \ln P(t_i \mid \theta, \zeta_{x,y,l}), \quad 0 < i < N \tag{4.14}$$

在求解最大似然函数后，分别得到式（4.15）～式（4.17）：

$$\alpha_k = \frac{\sum_{i=1}^{N} \gamma_k(t_i, \zeta_{x,y,l})}{N} \tag{4.15}$$

$$\mu_k = \frac{\sum_{i=1}^{N} \gamma_k(t_i, \zeta_{x,y,l}) t_i}{\sum_{i=1}^{N} \gamma_k(t_i, \zeta_{x,y,l})} \tag{4.16}$$

$$\sum k = \frac{\sum_{i=1}^{N} \gamma_k(t_i, \zeta_{x,y,l})(t_i - \mu_k)^2}{\sum_{i=1}^{N} \gamma_k(t_i, \zeta_{x,y,l})} \tag{4.17}$$

重复上述计算步骤，直到计算结果收敛。

基于改进 EM 的 K 簇参数估计优化方法通过对瓦片访问概率的时间序列进行聚类实现 EM 算法的初始化，得到基于 BYY-HLS 提取的高斯分量个数的聚类中心值。该方法利用聚类中心值求解 EM 的初始值，使所得初始值接近最优聚类中心，不仅降低了陷入局部最优解的概率，并在一定程度上降低了 EM 算法的计算复杂度。该方法实现了 TAP-GMM 的近似最优参数估计方法，同时利用 k 均值聚类方法使参数估计值更加精确，从而建立了准确的瓦片访问概率时序模型。

4.2.2　访问行为空间相关性模型

1. 访问行为的空间聚集性

金字塔结构中基于瓦片地理空间数据的公共地图服务框架改变了地理空间网络发布模型，使瓦片地理空间数据的存储和管理变得更加容易，进而使网络地理信息系统的运行更加高效灵活（Sample et al.，2010）。然而，网络地理信息系统中用户浏览过程复杂，受多种因素影响，如浏览目标、当前热点等（Xing，2003）。在网络地理信息系统会话期间，用户所选感兴趣区域的范围通常较小，用户使用移动或缩放功能查看周围区域。多个瓦片因此形成当前的浏览视图，也称为浏览窗口。

Park 等（2001a）指出，当用户访问其浏览地图中的中心数据对象时，其更倾向访问邻近的数据，而不是无关数据。因此，用户的地图访问模式取决于被访问对象的空间位置，瓦片访问之间存在空间相关性。当一个给定的具有高访问概率的瓦片被访问时，其邻近的瓦片也具有较高概率在下一时刻被访问（Park et al.，2001b）。值得注意的是，金字塔模型中处于不同图层的瓦片具有不同的地理尺度属性，从而与其相邻的瓦片具有不同程度的空间关联程度，研究侧重于寻找空间关联程度的模式。由于访问热点瓦片往往聚集在小的地理区域，因此瓦片访问具有空间聚集性。瓦片与当前访问的瓦片之间的距离常用来表示瓦片访问的空间聚集程度。然而，由于浏览视图中的中心瓦片可以快速变化，所以距离计算困难（Schöning et al.，2008）。为此，研究者经常使用瓦片访问时间简化表达访问瓦片之间的距离，但该方法无法从经验上度量访问瓦片之间的空间相关性。

为了准确分析和度量瓦片访问的时空相关性及其对聚类瓦片的热度和访问频率，Li 等（2017a）采用 k 均值方法确定瓦片聚类集合 $C = \{C_l(\omega, \varphi)\}$，其中 $C_l(\omega, \varphi)$ 是金字塔模型中第 l 层瓦片的子聚类集合（Wagstaff et al.，2001）。ω 为第 l 层中的聚类类别，取值为 $1, 2, \cdots, N$，ω 值越小对应的聚类类别热度越高，φ 是访问热度属于 ω 的瓦片集合。通过对样本数据进行聚类和分析发现，当一个热点瓦片具有较高的访问热度时，其邻近瓦片也具有较高的热度。相邻瓦片的访问热度随着其与热点瓦片之间距离的增加而逐渐降低。

图 4.7（a）展示了瓦片访问热度分类的实例，具体区域位于金字塔模型的第 6 层，其中 x 轴和 y 轴表示该瓦片的坐标。图 4.7（a）表明瓦片访问存在空间聚集性，访问热点集中在访问频率最高的瓦片周围的一个范围内。瓦片访问热度中的聚类模式也表明访问瓦片聚集在热点瓦片周围的某些区域。因此，区域范围可以用热点瓦片的距离来表示。

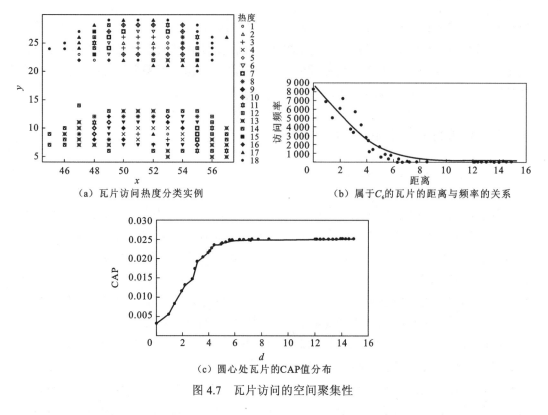

（a）瓦片访问热度分类实例　　　　　　（b）属于C_6的瓦片的距离与频率的关系

（c）圆心处瓦片的CAP值分布

图 4.7　瓦片访问的空间聚集性

使用欧氏距离量化两个瓦片之间的距离关系，可以有效地度量距离对瓦片访问的影响。对于位于同一图层的两个瓦片 $\zeta_{xi,yi,l}$ 和 $\zeta_{xj,yj,l}$，可以利用式（4.18）计算它们之间的距离。

$$D(\zeta_{xi,yi,l}, \zeta_{xj,yj,l}) = \sqrt{(x_i - x_j)^2 + (y_i - y_j)^2} \qquad (4.18)$$

通过分析热点瓦片的热度与其相邻瓦片之间的关系并映射得到图 4.7（b），显示了属于 $C_6(\omega=1, \varphi)$ 的瓦片 $\zeta_{x,y,6}$ 的距离与频率的关系，同时图 4.7（a）显示了该瓦片与其邻近瓦片的关系。图 4.7（b）中，x 轴表示任意瓦片 $\zeta_{xj,yj,6}$ 到瓦片 $\zeta_{x,y,6}$ 的距离 $D(\zeta_{x,y,6}, \zeta_{xj,yj,6})$，$y$ 轴表示瓦片 $\zeta_{xj,yj,6}$ 的访问频率 $F(t, \zeta_{xj,yj,6})$。图 4.7（b）显示 $D(\zeta_{x,y,6}, \zeta_{xj,yj,6})$ 与 $F(t, \zeta_{xj,yj,6})$ 成反比，即距离热点瓦片的距离越大，瓦片的访问频率越低。另外，当 $D(\zeta_{x,y,6}, \zeta_{xj,yj,6})$ 达到一定值时，瓦片的访问频率 $F(t, \zeta_{xj,yj,6})$ 趋向于以较低的值达到平衡状态，不再受热点瓦片的影响。

为了更好地表达邻近瓦片访问概率的平衡状态，设 $CAP(t; \zeta_{x,y,l}; d)$ 为一个圆内所有瓦片在时刻 t 的累积访问概率，其中 $\zeta_{x,y,l}$ 为圆心处的瓦片，d 为圆的半径，如下：

$$CAP(t; \zeta_{x,y,l}; d) = \sum P(t, \zeta_{x',y',l}), \quad D(\zeta_{x,y,l}, \zeta_{x',y',l}) \leq d \qquad (4.19)$$

当 d 取不同值时，样本中的热点瓦片及圆心处瓦片 $\zeta_{x,y,6}$ 的 CAP 值的分布如图 4.7（c）所示，x 轴表示 d 值，y 轴表示 CAP 值。CAP 值随着 d 值的增大而增大。当 d 达到一定值时，CAP 值不再增加，达到平衡状态。因此，一个热点访问瓦片影响的空间聚集区域是有限的，该区域的半径等于 CAP 值达到平衡状态时的 d 值。

　　热点瓦片 $\zeta_{x,y,l}$ 在 t 时刻具有较高的访问概率，将导致其在某个空间局部区域的相邻瓦片有较高的被访问概率。为了度量不同时刻下瓦片访问热度对访问空间局部区域的瓦片访问热度空间聚集性的影响，提出访问空间局部性步长（access spatial locality step，ASLS）指标，表示瓦片 $\zeta_{x,y,l}$ 在时刻 t 的空间局部性区域范围，记为 $\text{ASLS}(t,\zeta_{x,y,l})$。$\text{ASLS}(t,\zeta_{x,y,l})$ 等于使瓦片 $\zeta_{x,y,l}$ 在时刻 t 的 CAP 值达到平衡状态时的 d 值。大量的瓦片访问概率及其累积概率必须重复计算才能得到 ASLS 值，建立 ASLS 的有效表达模型可以为网络地理信息系统实时优化策略提供准确可靠的参数。

2. ASLS 泊松回归模型

　　在金字塔模型中，不同图层的瓦片具有不同的分辨率和尺度，覆盖不同的地理坐标范围，这影响了它们在客户端窗口中的显示方式。Li 等（2017a）通过对众多瓦片访问热度的统计分析，发现 $\text{ASLS}(t,\zeta_{x,y,l})$ 与瓦片访问概率 $P(t,\zeta_{x,y,l})$ 及瓦片所属图层 l 有关，如图 4.8 所示。因此，瓦片访问概率和它所属的图层共同决定了瓦片的 ASLS 值。

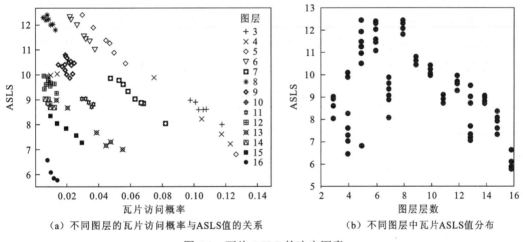

　　　（a）不同图层的瓦片访问概率与ASLS值的关系　　　　（b）不同图层中瓦片ASLS值分布

图 4.8　瓦片 ASLS 的决定因素

　　图 4.8（a）显示了不同图层（3～16）的瓦片访问概率与其关联 ASLS 值之间的关系，图 4.8（b）显示了不同图层中瓦片 ASLS 值的分布情况。在图 4.8（a）中，x 轴表示瓦片访问概率，y 轴表示瓦片 ASLS 值。图 4.8（a）显示，任何一层瓦片的 ASLS 值总是随着瓦片访问概率的增大而减小；在相同的访问概率下，ASLS 值随着层数的增大而减小。在图 4.8（b）中，x 轴表示图层层数，y 轴表示瓦片的 ASLS 值。图 4.8（b）显示，瓦片在任何一层的 ASLS 值都比较集中，并且在小范围内波动。可以得出，瓦片在时刻 t 的 ASLS 值是访问概率 $P(t,\zeta_{x,y,l})$ 和瓦片的图层数的函数，如式（4.20）所示：

$$ASLS(t, \zeta_{x,y,l}) = f(P(t, \zeta_{x,y,l}), l) \tag{4.20}$$

根据 ASLS 指标的定义，计算不同访问概率下瓦片在不同图层上的 ASLS 值，并绘 ASLS 的分布直方图，如图 4.9 所示。其中，x 轴表示 ASLS*10（表示 10 倍的 ASLS，余同）的值，y 轴表示 ASLS*10 的核密度。

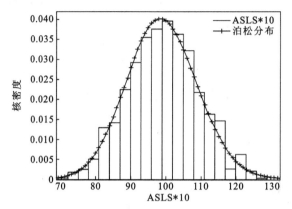

图 4.9　访问空间局部性步长的分布直方图

在概率论中，泊松分布常用来表示离散的概率分布。基于核密度方法（Dharma et al.，2013），推断 ASLS 值的概率分布服从泊松分布，如图 4.9 所示。利用 Kolmogorov-Smirnov 检验验证 ASLS 值的泊松分布。由表 4.2 可知，泊松分布的显著性参数为 0.867，大于 0.05。因此，构建泊松回归模型来分析 ASLS 值的分布是合适的。

表 4.2　泊松分布检验

项目	ASLS 值（ASLS*10）
N	356
泊松参数 [a, b]	98.89（平均值）
	0.021（绝对值）
极差	0.012（正值）
	−0.021（负值）
Kolmogorov-Smirnov Z	0.598
Asymp.Sig.（two-tailed）	0.867

注：a 测试分布为泊松分布；b 根据数据计算

假设 3　所有 ASLS 值的集合为 $S = \{S_i \mid 1 < i < \eta\}$，其中 η 为集合 S 中的元素个数，如果 S 服从均值为 λ 的泊松分布，则 S 值在 S_i 中的概率如式（4.21）所示：

$$p(S = S_i) = \frac{\lambda^{S_i}}{S_i!} \exp(-\lambda), \quad i = 1, 2, \cdots, \eta \tag{4.21}$$

给定的瓦片访问具有时空聚集性，访问概率随时间变化。ASLS 值与当前访问概

率 P 和瓦片 $\zeta_{x,y,l}$ 的层数 l 有关。因此，ASLS 的期望值是给定 P 和 l 值下的均值，如式（4.22）所示：

$$\lambda_{P,l} = E(\text{ASLS}(t,\zeta_{x,y,l}) \mid P,l) \tag{4.22}$$

泊松回归模型的对数方程如式（4.23）所示：

$$\ln(\lambda_{P,l}) = \beta_0 + \beta_1 P + \beta_2 l \tag{4.23}$$

式中：β_1 和 β_2 分别为瓦片访问概率 P 和层数 l 的回归系数，$\beta = (\beta_0, \beta_1, \beta_2)$。针对式（4.23），利用极大似然估计方法得到 β 的精确参数值。最大似然函数如式（4.24）所示：

$$\prod_{i=1}^{\eta} \frac{\lambda^{S_i}}{S_i!} \exp(-\lambda_{P,l}) \tag{4.24}$$

因此，利用极大似然估计方法可由式（4.25）计算出 β 的估计参数：

$$\ln \prod_{i=1}^{\eta} \frac{\lambda^{S_i}}{S_i!} \exp(-\lambda_{P,l}) = \prod_{i=1}^{\eta} [S_i \ln \lambda_{P,l} - \ln(S_i!) - \lambda_{P,l}] \tag{4.25}$$

将这些估计参数代入式（4.23）得到 ASLS 泊松回归模型，其均值为 $\lambda_{P,l}$。

利用 2014 年 2 月天地图的日志文件，研究瓦片访问的时空相关性。从格式化后的日志文件中随机选取了 2.52 亿条访问记录中的三分之二作为学习样本，剩下的三分之一作为验证样本以验证 ASLS 模型的准确性。

结合验证样本，利用式（4.26）建立验证样本的泊松验证模型。根据式（4.22），λ 是在给定的访问概率和图层数下 t 时刻 ASLS 值的期望。参数估计的精度评价见表 4.3。表 4.3 中参数估计的标准差项很小，说明参数估计的精度较高。同时，$\text{Pr} < 0.001$ 表示 ASLS 模型中访问概率与瓦片层数之间的相关关系成立。模型残差为 0.082 455，其值非常小。综上所述，ASLS 值与访问概率和瓦片的图像层数之间存在显著的泊松回归关系。

$$\ln \lambda = 5.263\,769 - 6.148\,032P - 0.051\,735l \tag{4.26}$$

表 4.3　参数估计的精度评价

项目	估值	标准差	Z 值	$\text{Pr}\,(>|z|)$	显著性代码
β_0	5.263 769	0.043 392	12.1	$<2 \times 10^{-16}$	***
β_1	−6.148 032	0.403 777	−15.23	$<2 \times 10^{-16}$	***
β_2	−0.051 735	0.003 688	−14.3	$<2 \times 10^{-16}$	***
残差	0.082 455	AIC	647.41	df	97

注：Z：Z 检验的检验统计量，估计系数值除以标准差所得比值；$\text{Pr}\,(>|z|)$：Z 检验的双尾概率值；***：标识显著性水平，表示非常显著；AIC：赤池信息量准则；df：自由度

为了进一步验证 ASLS 模型的准确性，比较了验证样本集与模型计算得到的 ASLA 值，并建立了分位数-分位数图，以确定 ASLA 真实值与 ASLA 估计值的分位数之差。如图 4.10（a）所示，x 轴表示根据定义计算的 ASLS 真实值，y 轴表示 ASLS 模型的 ASLS 估计值。从图 4.10（a）可以看出，真实值和估计值几乎成直线，因此 ASLS 模

型与实际吻合。真实与估计 ASLS 值的误差小于±0.05、±0.1、±1，分别为 72.5%、84.7%、98.02%。与 ASLS 真实值相比，误差很小。图 4.10（b）所示为普通最小二乘（ordinary least square，OLS）回归模型估计得到的 ASLS 分位数图，估计值分散在真实值形成的直线的两侧。真实值与估计值误差的一半大于±1，OLS 回归中的残差值为 1.359，高于 ASLS 残差值。对比图 4.10（a）与图 4.10（b）可知，相较于 OLS 模型，ASLS 泊松回归模型能够更准确地表示相邻瓦片之间的访问相关性。因此，ASLS 模型能够反映瓦片访问的时空相关性，为网络地理信息系统优化策略提供准确的 ASLS 值。

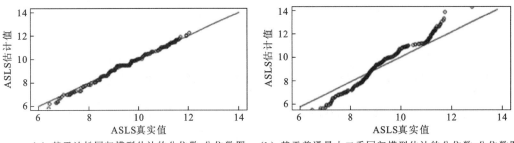

（a）基于泊松回归模型估计的分位数-分位数图　（b）基于普通最小二乘回归模型估计的分位数-分位数图

图 4.10　ASLS 的分位数-分位数图

4.3　基于层次分析的访问负载模型及预测

网络地理信息系统的访问负载具有非平稳性、变强度及周期性的特点。准确预测用户请求的规模对高效的网络地理信息系统计算资源调度非常重要。基于访问负载预测，协调现有虚拟机的调度技术，提前准备计算资源，可以实现对计算资源的动态精确管理。本节介绍本课题组关于访问负载层次分析研究成果，包括访问负载组成和结构的层次分解方法，以及基于层次分析的访问负载组合预测模型（Li et al.，2018b）。

4.3.1　访问负载的分层分解方法

用户对公共平台的一次访问行为会带给公共地图平台一次访问负载；公共地图平台的用户群在一段时间内的累积访问便形成平台在该段时间内的累积访问负载。如果以一定的时间粒度对访问负载进行顺序划分，则可得到公共地图平台在此时间粒度下累积访问负载的时间序列，可表示为

$$L(S,t) = \{S(t_1), S(t_2), \cdots, S(t_n)\} \tag{4.27}$$

式中：$L(S,t)$ 为访问负载的时间序列；S 为在给定的时间粒度下的累积访问负载；t 为时序。

用户对平台的访问过程本质上是一个动态变化的随机过程，而实时访问负载的随机变化，受到稳定性因素和随机性因素的共同作用。可以设想，在平台建设情况、网

民数量、平台在用户中的普及程度等较稳定因素的影响下，公共地图平台的访问负载在一个访问周期内存在一定的访问基数。同时由于公共地图平台访问负载是由用户的访问行为累积带来的，而用户访问行为存在社会性与共性，并周期地呈现一定的规律性。因此公共地图平台的访问负载在某个时段的具体表现也存在明确的周期性。此外，短时间内实际的访问负载 $S(t_i)$ 又受用户在不同时段从事不同类型的社会活动及访问意向等因素的影响，在稳定性访问基数的基础上随时段波动。可以认为，平台的访问负载既受平台建设情况、网民数量、用户普及程度、用户活动的社会性等较稳定因素影响，呈现一定的日稳定状态，同时又受用户当前具体从事的社会活动、用户当前的访问意向等随机性因素的影响，在不同时段有着不同的短期表现，每种影响因素都会对平台在某个时段具体的访问负载起着或多或少的决定作用。

基于以上分析，为分解公共地图平台访问负载时间序列[式（4.27）]，建立如下时序模型：

$$S(t_i) = D(t_i) + R(t_i) \qquad (4.28)$$

式中：$S(t_i)$ 为在时段 t_i 内平台实际访问负载；$D(t_i)$ 为在时段 t_i 由稳定性因素贡献的稳定性访问负载；$R(t_i)$ 为随机因素影响下变化的访问负载。

相比由随机性因素贡献的访问负载，稳定性访问负载具有更加稳定的规律性。将各种稳定性影响因素下的稳定性访问负载归为以下三类。第一类，在平台建设情况、网民数量、平台在用户中的普及程度等稳定性社会环境因素的影响下，平台访问负载存在一定的访问基数，因该类影响因素在短期内不易发生较大变化，具有长期稳定性，我们称之为长期趋势项。第二类，在长期趋势项的基础上，用户的社会行为受较为固定的生活工作规律的影响，导致用户在一天的不同时段内具有特定的访问倾向，使访问负载表现出固定的时段特性，称之为时段特征项。除此之外，稳定性访问负载还会受其他影响较小的稳定性变动因素的影响，把这些因素造成的访问负载归为稳定性影响因素变动引起的访问负载变动项。因此，可以认为稳定性访问负载是在稳定性社会环境因素造成访问负载基数的基础上，受用户固定生活工作规律的影响而进行时段调整，并综合变动因素影响的产物，通过这三类稳定性因素影响下的稳定性访问负载成分的耦合，可以建立以下稳定性访问负载模型：

$$D(t_i) = T(t_i) * TS(t_i) * I(t_i) \qquad (4.29)$$

式中：$T(t_i)$ 为长期趋势项；$TS(t_i)$ 为时段特征项；$I(t_i)$ 为稳定性影响因素变动引起的访问负载变动项。

4.3.2 访问负载的组合预测模型

网络地理信息系统的访问负载是平台建设情况、用户、错综复杂的社会环境综合作用下的结果。对各种影响因素进行分析和归类，可以为各类影响因素在访问负载时间序列中贡献的数据成分建立映射关系。基于层次分解所得的映射关系，构建组合预测模型，可实现网络地理信息系统访问负载的准确预测。

在访问负载的影响因素中，平台建设情况、用户数量、平台在用户中的普及程度等稳定性社会环境因素在短时间内难以发生较大变化，因此该类因素在原始序列中所贡献数据成分 $D(t_i)$ 具有低频变化的特点。相反，由用户当前具体从事的社会活动、用户当前的访问意向等随机性因素所贡献的数据成分 $R(t_i)$ 具有高频变化的特点。

通过小波变换的方法可以分别提取这两种具有不同变化特征的数据，得到的稳定性数据成分 $D(t_i)$ 中包含趋势变动和周期波动二重特性；进一步，通过时间序列分解的方法对稳定性数据成分 $D(t_i)$ 中的趋势特征和周期时段特征进行提取，然后针对各数据成分的特点，采用趋势拟合、自回归移动平均（auto-regressive moving average，ARMA）模型、差分自回归移动平均（auto regressive integrated moving average，ARIMA）模型等方法进行针对预测，并采用层次分解模型提供的规则对预测结果进行耦合，为访问负载序列建立小波变换、时间序列分解、ARMA、ARIMA 有机组合的 WT-TD-ARIMA（wavelet transform-time-series decomposition-autoregressive integrated moving average）模型，从而以层次分解的方式实现利用简单线性模型对复杂特征数据的准确预测。模型的预测流程如图 4.11 所示，实现流程如下。

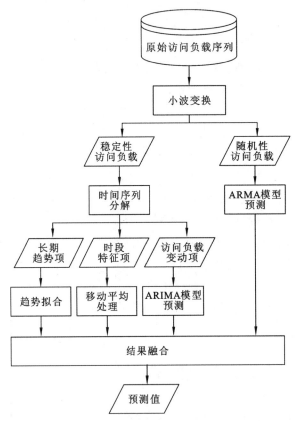

图 4.11　WD-TD-ARIMA 模型预测流程图

（1）对原始访问负载序列进行小波变换，提取原始时间序列中的稳定性访问负载序列和随机性访问负载序列。

（2）对分解得到的稳定性访问负载序列进行时间序列分解，进一步得到稳定性访问负载序列中的长期趋势项、时段特征项、稳定性访问负载变动项。

（3）对分解得到的随机性访问负载序列和稳定性访问负载序列分解后的稳定性访问负载变动项进行平稳性检验。

（4）对稳定性访问负载序列分解后的长期趋势项和时段特征项分别进行趋势拟合和移动平均处理，对稳定性成分建立时间序列分解模型。

（5）对随机性访问负载序列和稳定性访问负载序列分解后的稳定性访问负载变动项分别建立 ARMA 及 ARIMA 模型预测。

（6）将步骤（4）、（5）得到的结果，根据时间序列分解模型和小波变换的规则进行融合，形成对公共地图访问量时间序列的预测结果。

1. 访问负载时序的小波变换

小波变换是分析时间序列的一种数学方法，可以为原始信号提供多分辨率表达的能力。其基本思想是在小波基的基础上，通过小波基的伸缩和平移后得到的小波函数簇，将信号序列按某一小波函数簇展开，从而将原始序列分解为一系列具有不同时间分辨率、不同频率特性的高频变化部分和低频变化部分。低频变化部分具有较低的时间分辨率和较高的频率分辨率，高频变化部分具有较高的时间分辨率和较低的频率分辨率。基于 Mallat 算法，对访问负载时间序列变换处理的基本流程如图 4.12 所示。

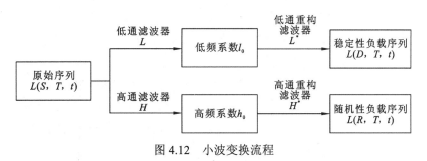

图 4.12　小波变换流程

首先对访问负载时间序列进行小波分解，得到小波系数序列，分解关系由下式描述：

$$\begin{cases} l_0 = L * L(S,t) \\ h_0 = H * L(S,t) \end{cases} \tag{4.30}$$

式中：*为卷积运算符；L 和 H 属于分解滤波器，L 为低通滤波器，H 为高通滤波器；l_0 和 h_0 分别为初始时间序列 $L(S,t)$，低通滤波器 L 和高通滤波器 H 通过一次分解运算得到访问负载时间序列的低频系数和高频系数。

以系数序列作为模型的输入，对低频系数和高频系数进行重构运算，即可得到低频分量和高频分量，其中重构关系由式（4.31）给出：

$$\begin{cases} L(D,t) = L^* * l_0 \\ L(R,t) = H^* * h_0 \end{cases} \tag{4.31}$$

式中：L^* 和 H^* 分别表示低通重构滤波器和高通重构滤波器；$L(D,t)$ 为稳定性访问负载序列；$L(R,t)$ 为随机性访问负载序列；l_0 和 h_0 分别为低频系数和高频系数。原始访问负载序列 $L(S,t)$、稳定性访问负载序列 $L(D,t)$ 和随机性访问负载序列 $L(R,t)$ 具有如下关系：

$$L(S,t) = L(D,t) + L(R,t) \tag{4.32}$$

基于小波变换对原始访问负载序列中的低频变化部分和高频变化部分进行提取，进而有效地发现原始访问负载序列 $L(S,t)$ 中稳定性访问负载序列 $L(D,t)$ 和随机性访问负载序列 $L(R,t)$，分别与时序描述模型式（4.28）中的 $D(t_i)$、$R(t_i)$ 一一对应。其中，稳定性访问负载序列 $L(D,t)$ 较好地保留了原始访问负载序列中的趋势特征和周期特征，而 $L(R,t)$ 波动较大，体现了原始序列中由随机性因素影响带来的负载波动。

$$L(D,t) = \{D(t_1), D(t_2), \cdots, D(t_n)\}$$
$$L(R,t) = \{R(t_1), R(t_2), \cdots, R(t_n)\} \tag{4.33}$$

2. 稳定性访问负载的时序分解

小波变换后的稳定性访问负载序列具有低频变化的特点，受稳定性因素的影响，在每日的固定时段表现出相似的波动变化特征，即具有明显的周期性和固定的时段特性，为稳定性访问负载序列的预测提供了可靠条件。如何依靠稳定性访问负载序列的周期性对其表现出的固定时段变化特性进行捕捉是对稳定性访问负载序列进行预测的关键。这里引入时间序列分解方法。

时间序列分解方法的理论基础是将一个时间序列看成趋势部分、周期变动部分、不规则变动部分的叠加或者耦合，而随机因素的影响可通过移动平均的方法进行削弱或剔除，时间序列可以表示为以上因素的函数。结合时间序列分解的理论和提出的时序模型 [式（4.29）]，将稳定性访问负载序列中的数据成分归为以下几类：在平台建设情况及在用户中的普及程度等较稳定因素影响下平台访问负载序列的长期趋势项 $\mathrm{TC}(t_i)$、由用户日常普遍从事的社会活动等因素影响下的稳定性访问负载序列时段特征项 $\mathrm{TS}(t_i)$、稳定性因素变动引起的访问负载的稳定性访问负载序列变动项 $I(t_i)$。

通过时间序列分解方法，期望在众多稳定性访问负载影响因素中，降低其他因素的影响，单纯测出某一类稳定性因素对序列的影响，并在此基础上，通过趋势拟合、ARMA、ARIMA 等方法，对稳定性访问负载分解并得到各项数据成分进行逐项预测，给出稳定性访问负载序列的预测模型，如式（4.34）所示：

$$D(t_i) = \mathrm{TC}(t_i) * \mathrm{TS}(t_i) * I(t_i) \tag{4.34}$$

3. ARMA 及 ARIMA 模型

小波变换后得到的随机性访问负载序列及时间序列分解后得到的稳定性访问负载变动项已没有明显的趋势性和周期性，近似呈平稳状态。针对平稳时间序列可采用经典的 ARMA(p,q) 模型进行预测分析。一个平稳时间序列，如果它某个时刻的响应值与以前时刻的自身值和以前时刻进入系统时的扰动存在一定关系，则可利用 ARMA(p,q) 模型进行建模，一般 ARMA 模型可表示为

$$Y_t = \sum_{i=1}^{p} \alpha_i Y_{t-i} + \sum_{j=1}^{q} \beta_j \varepsilon_{t-j} + \varepsilon_t \tag{4.35}$$

式中：Y_{t-i} 为 $t-i$ 时刻时间序列的值；p,q 为回归移动平均模型的阶数；α_i 为自回归待估参数；β_j 为移动平均待估参数；ε_{t-j} 为 $t-i$ 时刻进入系统的误差。

ARMA 模型构建要求时间序列为平稳性时间序列。实际中，时间序列多具有某种趋势或周期特征，不满足平稳性要求，这种数据不可以直接使用 ARMA 模型，但某些非平稳时间序列若经过多次逐期差分处理后变成平稳序列，则可利用 ARMA(p,q) 模型建模，然后再经逆变换得到原始序列，上述过程称为 ARMA(p,d,q) 建模方法，其数学描述为

$$\nabla^d Y_t = \sum_{i=1}^{p} \alpha_i \nabla^d Y_{t-i} + \sum_{i=1}^{q} \beta_j \varepsilon_{t-j} + \varepsilon_t \tag{4.36}$$

式中：$\nabla^d Y_t$ 为 Y_t 时刻经过 d 次差分转换后的序列；p,q 分别为模型自回归和移动平均的阶数；d 为差分处理步骤数；α_i 为自回归待估参数；β_j 为移动平均待估参数；ε_{t-j} 为 $t-j$ 时刻进入系统的误差。

图 4.13 所示为三种预测模型在短期预测（2014 年 2 月 26～28 日，3 天）中绝对误差的位序分布，图中横轴表示模型预测的绝对误差从小到大排列后的位序，纵轴表示模型预测的访问频次的绝对误差的大小。从图 4.13 中可以看出组合预测模型绝对误差增幅缓慢，访问频次误差区间小，在 0～10 976 次；而 ARIMA 模型绝对误差增幅较大，误差区间大，在 0～18 787 次；时间序列分解次之，在 0～14 718 次，说明针对访问负载的长期趋势和周期特征，WT-TD-ARIMA 组合预测结果较为稳定，而 ARIMA 模型仅对访问负载的时序数据进行了差分处理，增加数据平稳性的同时造成访问负载的趋势信息和周期信息的损失；而时间序列分解模型较好地拟合了访问负载的固定趋势和周期特征，但未包容呈近似平稳特征的随机波动特征。WT-TD-ARIMA 组合方法的小波变换处理实现了具有两种不同变化频率特点数据的分离，低频数据保留了原始访问负载数据中的趋势和周期特征，适合利用时间序列分解模型进行预测，而高频数据具有近似平稳的数据状态，利用 ARMA 模型预测可以取得很好的效果。WT-TD-ARIMA 组合方式结合了两种预测模型的优势，因此表现出更低的绝对误差水平。

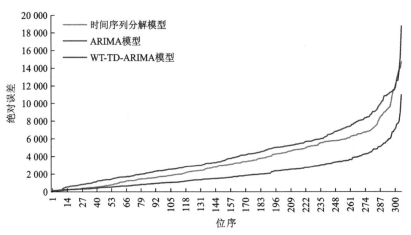

图 4.13　三种模型短期预测绝对误差的位序分布

扫封底二维码可见彩图

4.4　本 章 小 结

　　用户在网络地理信息系统中的访问行为表现出聚集特征和规律性分布的时空行为模式。研究用户行为的时空统计特征，并构建相应模型进行模拟分析是网络地理信息系统访问负载预测的基础，对高效管理瓦片缓存资源，提高网络地理信息系统应对海量用户的服务能力具有重要意义。本章围绕网络地理信息系统中的用户行为，研究用户行为的时空统计特征及模型分析方法。首先，面向单瓦片上的用户行为，揭示其幂律分布特性，在此基础上提出了用户访问行为数学模拟模型及分布参数估计方法，实现了用户行为的定量描述与建模。其次，顾及瓦片之间的时空关系模式，揭示了用户行为在时序上的瓦片访问热度分布模式和空间相关性特性，并构建了高斯混合模型和泊松回归模型，丰富了用户行为模型的知识库。最后，考虑访问负载组成和结构，提出了基于层次分析的访问负载组合预测模型，为访问负载预测和计算资源调度提供了模型基础。

第 5 章

用户行为的驱动机制

网络地理信息服务的用户行为时空特征与时空模式形成的背后，蕴含着复杂的影响因素及动力机制。对用户行为驱动机制的研究，有助于从本质上理解与深度挖掘用户行为模式，为网络地理信息系统服务智能化提供指导方向。网络地理信息服务的用户行为实质上是用户在某段时间内对感兴趣区域的访问行为，而用户行为往往受到来自外部城市要素与内部兴趣驱动等多种复杂要素的综合影响。因此，本章从外在影响因素、内在驱动机制两方面探究影响网络地理信息服务用户行为规律的因素，首先分别从城市内部尺度、城市间尺度、城市经济尺度定量描述多种外部因素对网络地理信息服务用户行为时空特征的影响，继而基于向量空间的用户地理信息兴趣模型、用户混合兴趣的隐马尔可夫模型对网络地理信息服务用户的群体访问兴趣分布及转移序列进行定义，探究用户兴趣的空间分布与转移规律，并基于词向量和奇异值分解法识别不同领域用户的兴趣，验证不同领域用户群体在时空行为上存在的差异性。

5.1 外在影响因素

网络地理信息系统用户的访问区域多在城市范围内，因此城市的空间结构、经济发展程度等从外部影响着用户的访问行为规律。城市空间结构对用户的空间访问行为影响不仅存在于城市局部尺度，也存在于城市间尺度。此外，城市的经济发展程度与用户的空间访问行为呈明显正相关性。

城市空间结构反映了城市的空间形态及城市运作方式。狭义城市空间结构是城市内部的空间结构，广义的空间结构还包括城市之间的关系结构。宏观上的空间结构可以由功能区描述，但是该数据相对粗糙，忽略了功能区内部的功能异质性。POI 作为一种刻画城市要素的新数据，可以替代功能区更加精细地刻画城市空间结构。而且 POI 是公共地图的重要组成部分，用户浏览地图的过程同时也是用户在地图上寻找 POI 的过程，因此用户对地图的访问行为与 POI 密切相关，将用户的访问数据映射到 POI，结合 POI 中代表城市结构的属性信息，可以进一步研究用户访问地图行为与城市结构的关联。许多研究用户访问行为与城市空间结构关系的研究都使用了 POI 数据。

部分研究表明，用户对城市的访问行为受空间结构的影响。Fisher（2007a）通过对微软虚拟地球平台的用户访问数据进行多粒度热力图制作，发现网络地理信息系统的用户对城市的道路、边界处、海岸线和兴趣点等访问频率较高，但没有具体量化分析这些因素对用户访问行为的影响程度。陈迪等（2015）基于在线地图用户搜索 POI 关键字的日志数据集进行用户行为分析，发现城市中用户对 POI 查询量的整体分布呈 Zipf-like 规律，与城市结构及重要 POI 分布密切相关，但是没有从空间角度进行分析。许多学者采用各种研究方法对用户访问行为与城市空间结构的相关性进行了更加深入的探究。

5.1.1 基于时空级联的区域热点分布

本小节对同一天内上海、武汉、广州、北京 4 个城市的用户访问热点进行空间可视化，发现用户在城市内的访问行为从空间分布上看与城市的建设水平、功能区分布及空间结构有一定的关联性（周振，2016）。此外，基于 Fisher 最优分割挖掘分析用户城市访问行为的时间序列模式，然后以时空级联模式挖掘的方式证明在不同的时间模式下，用户的空间访问行为存在明显差异，且受城市空间结构的影响。

热点分析的原理是将大量的重合点及短距离内的大量点进行整合收集，创建新的要素并添加所关联的事件点计数属性，然后对新产生的要素根据计数属性进行可视化，最终得到事件点的热点图。

通过对 4 个城市进行热点分析，对比图 5.1 可以看出，上海的访问热点在市中心形成较大范围的聚集区域，而在相对外围也存在大小不一的较多热点，主要在几个火车站附近形成了访问热点聚集区。北京的访问热点则集中在天安门广场附近，其他区域的访问则相对均匀。广州的访问热点在海珠区。武汉的访问热点主要位于3个区域，分别对应汉阳区、武昌区和洪山区。

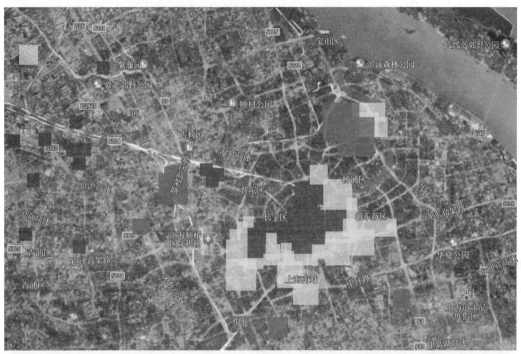

（a）上海

（b）武汉

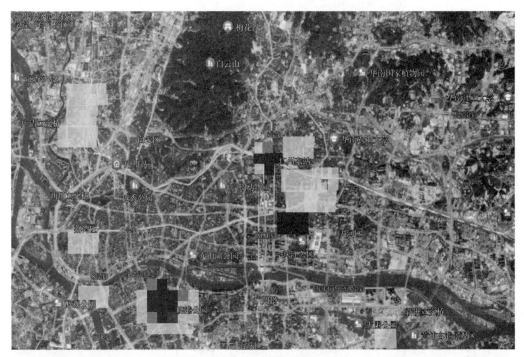

(c) 广州

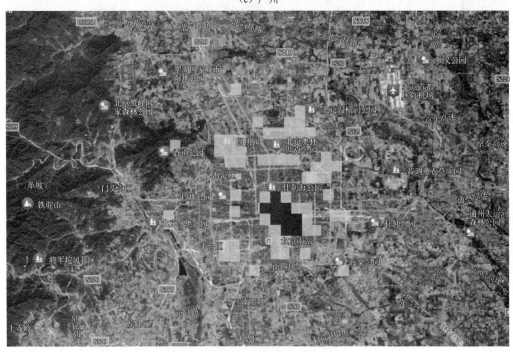

(d) 北京

图 5.1　上海、武汉、广州、北京访问热点分布图

扫封底二维码可见彩图；引自周振（2016）

　　然而在不同的时间模式下，用户的空间访问行为也存在明显差异，且受城市空间结构的影响。若将一个用户访问网络地理信息系统的请求到达看成一个随机点，这是一个

源源不断出现的随机过程。因此，大量用户对一个城市地图的访问行为可被视为由许多的随机请求构成，每条请求会在一个随机的时间点到达服务器，该请求所访问的地理位置也可能是城市中随机的一个地点，而所有的请求则会构成一个用户访问城市地图的时间序列，在这条时间序列中用户随机访问了城市中的随机地点。上述过程可以看作一个时空行为过程，在对时空行为过程进行分析时，常常将时间空间拆开分析。

进行时间序列模式挖掘首先要建立用户访问的时间序列，用户访问行为具有一定的长期或短期模式，即在不同的时间区间，用户到达率是变化的。在不同时间尺度下，用户行为在时序上呈现非均质特征，用户到达率所构成的时间序列具有多峰值和周期性（吴华意 等，2015），到达率可以反映不同的时间模式。因此，可以通过建立不同时间尺度的到达率时间序列来描述用户的城市访问行为，依据日访问到达率的明显差异，发现用户的城市访问行为在工作日和节假日具有明显区别。因此可以将用户的城市访问行为分为工作日模式和节假日模式两种长期时间模式，以 WTP（workday time pattern）和 HTP（holiday time pattern）分别表示。

Fisher 最优分割算法利用离差平方和表示同类样本之间的差异程度，通过简便的计算步骤和作图，确定最优分割数，使同类样本间的差异最小，各类别样本间的差异最大，并用 F 检验法检验最优分类数的合理性，经常用于有序样本数据的线性分割。因此，对用户访问到达率时间序列用 Fisher 最优分割算法进行线性分割可以有效且精确地得到用户的日间访问模式。

考虑到用户每天访问行为的细微差异，在进行日间访问模式分割时以多日时间序列进行多变量最优分割，即将每一日的到达率时间序列作为单独变量，进行最优分割时将综合每个变量的影响，这样可以最大程度降低特殊事件造成的影响。以上海 2014 年 2 月工作日的 24 小时到达率数据为例，建立多日到达率因子时间序列 $L(S, t)$。其中到达率因子 S 不是单指标的访问到达率，而是同一时间因子 t 下的访问到达率向量，$S(t_i)$ 表示 t_i 时间段内用户访问到达率构成的访问到达率向量，表 5.1 所示为上海 2014 年 2 月工作日到达率数据示例。

表 5.1　上海 2014 年 2 月工作日到达率

时间段	t	d_1	d_2	d_3	…	d_{15}	d_{16}	d_{17}
0:00～1:00	t_1	1 147	1 268	1 124	…	1 168	1 295	1 214
1:00～2:00	t_2	1 207	1 192	1 132	…	1 158	1 137	1 200
2:00～3:00	t_3	1 162	1 258	1 155	…	1 154	1 231	1 218
⋮	⋮	⋮	⋮	⋮		⋮	⋮	⋮
12:00～13:00	t_{12}	12 187	19 254	17 942	…	19 702	19 042	14 936
13:00～14:00	t_{13}	12 072	15 981	18 433	…	21 136	17 930	13 971
⋮	⋮	⋮	⋮	⋮		⋮	⋮	⋮
12:00～13:00	t_{23}	1 306	1 358	1 064	…	1 156	1 327	1 084
12:00～13:00	t_{24}	1 440	1 419	1 245	…	1 242	1 293	1 232

经过 Fisher 最优分割后，上海工作日的用户访问行为进一步被细分为 4 种模式（表 5.2），而节假日的用户访问行为可以细分为 3 种模式（表 5.3）。具体步骤详见 3.2.2 小节。为了方便表述，以 WTP 和 HTP $(i=1,2,\cdots,k)$ 表示用户的这种短期访问模式。分别对北京、广州和武汉的用户访问到达率时间序列进行序列模式分割，得出与上海相同的结果，由此可见，用户城市的访问行为时序上的这种短期访问模式具有普遍性。

表 5.2　上海工作日访问到达率时间序列模式

访问模式	时段
WTP_1	0:00～9:00
WTP_2	9:00～11:00
WTP_3	11:00～18:00
WTP_4	18:00～24:00

表 5.3　上海节假日访问到达率时间序列模式

访问模式	时段
HTP_1	0:00～9:00
HTP_2	9:00～11:00
HTP_3	11:00～24:00

5.1.2　用户所在地与访问中心的空间关系

会话是指用户在一次访问中，从进入站点到离开站点过程中产生的一系列活动。在较大的时间跨度内，用户可能产生多次访问。因此本小节对用户访问请求进行时间序列分割，再结合时间阈值进行会话识别。在 WMTS 访问会话中，针对用户产生的不同访问操作，服务器端将返回不同图层的地图瓦片数据。为准确识别每次会话的用户访问中心（access target，AT），设计一种基于空间连续性的用户访问中心识别方法，并基于该方法从省份、城市、距离三个角度出发，探究用户所在地与访问中心之间的空间关系，识别用户访问的空间结构规律（李茹 等，2019）。

AT 算法的主要思想是：位于相同图层的瓦片 $tile_a$ 和 $tile_b$，若 $tile_a$ 和 $tile_b$ 的距离在经纬度方向上均不超过两个瓦片单元，则认为瓦片 $tile_b$ 处于瓦片 $tile_a$ 的空间连续范围内。瓦片空间连续范围示意如图 5.2 所示，以瓦片 $tile_a$ 为中心，略大于 4 个瓦片单元为边长的正方形范

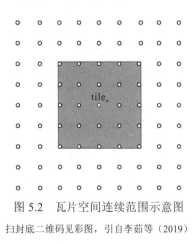

图 5.2　瓦片空间连续范围示意图

扫封底二维码见彩图，引自李茹等（2019）

围是瓦片 tile$_a$ 的空间连续范围（绿色区域），所有落入其中的瓦片均被认为与瓦片 tile$_a$ 空间连续。

具体步骤如下所示。

（1）将用户 u_i 在当前会话中的访问请求（以 r 表示）按时间排序：$S_i^m(T_i^m) = \{r_1, r_2, \cdots, r_{km}\}$，其中 m 为当前会话编号，km 为当前会话中的访问请求总数。

（2）统计用户访问瓦片图层，设最高图层为 l_{max}，提取出图层为 l_{max} 的访问记录，存储到集合 S_0 中。

（3）取 S_0 中第一条记录，其瓦片行列号记作种子坐标 (X_0, Y_0)，将其存储在当前访问中心集合 S_{AOI} 中。

（4）由种子坐标计算其空间连续范围，计算方法如式（5.1）所示，统计 S_0 中落入当前空间连续范围的瓦片，将其从 S_0 转移到 S_{AOI} 中；

$$\begin{bmatrix} X_{min} & X_{max} \\ Y_{min} & Y_{max} \end{bmatrix} = \begin{bmatrix} X_0 - 2 & X_0 + 2 \\ Y_0 - 2 & Y_0 + 2 \end{bmatrix} \tag{5.1}$$

（5）根据步骤（4）中的规则，利用新落入 S_{AOI} 的瓦片，计算其空间连续范围，探测是否有新的瓦片与其空间相连，重复该步骤直至不再有新的瓦片落入 S_{AOI}；计算 S_{AOI} 中所有点的经纬度平均值，作为当前访问中心坐标。

（6）判断 S_0 是否为空，若为空，则当前会话访问中心的提取工作结束；否则，利用更新后的 S_0，重复步骤（3）～步骤（5）。

用户访问中心提取过程示例如图 5.3 所示，要提取当前会话中的用户访问中心，首先选取编号为 1 的瓦片，计算其空间连续范围，发现瓦片 2～9 在其范围内；根据瓦片 2～9 获得新的空间连续范围，瓦片 10～12 在其范围内；根据瓦片 10～12 获得新的空间连续范围，不再有新的瓦片落入其中，当前访问中心的识别工作结束，计算所有落入瓦片的经纬度平均值，作为当前访问中心的坐标。

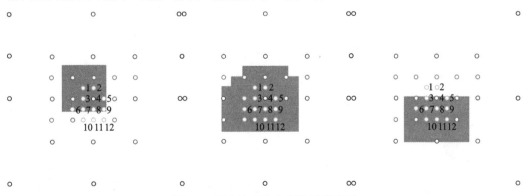

图 5.3　用户访问中心提取过程示例

扫封底二维码可见彩图；引自李茹等（2019）

在 WMTS 中，瓦片图层越高，所含地理信息越丰富细致，更能体现用户的访问需求。基于 AT 算法，从省份、城市、距离三个角度出发，探究用户所在地与访问中心之间的空间关系，识别用户访问的空间结构规律。

1. 省份关系

将用户与 AT 的省份关系投射到表格中，横坐标表示用户所在省份，纵坐标表示 AT 所在省份。统计每种访问组合在 24 天内访问 AT 数量的平均值，对其进行归一化处理，并以点的大小可视化展现 AT 数量均值的大小。由图 5.4 可知，对角线上的点远远大于其他位置的点，说明用户访问以省内访问为主，且广西、浙江、山东、四川、广东、辽宁、江苏等省份位列前茅。在非省内访问中，北京-广东、江苏-湖南、北京-河北的访问组合所占比例较大。

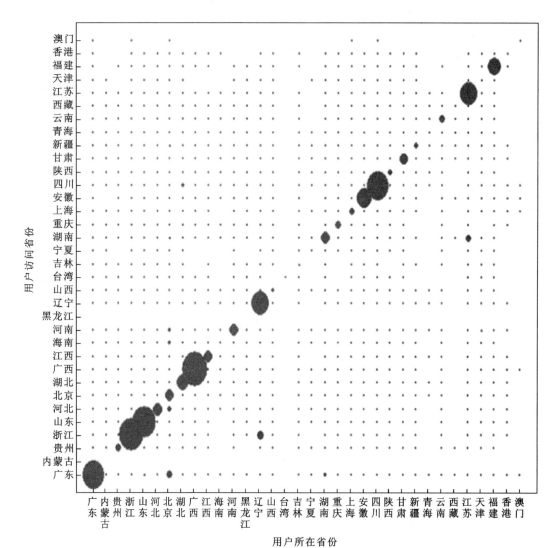

图 5.4 用户所在地与访问中心省份关系

引自李茹等（2019）

2. 城市关系

由于我国城市众多，用户所在地与访问中心的组合情况过万。本小节重点研究同城访问组合在所有组合中的排名情况，记录结果如表 5.4 所示。由表可知，同城访问 AT 数量较大、排名靠前，且随着排名逐渐下降，同城访问所占比例逐渐下降，说明同城访问是主要的访问形式。

表 5.4　用户所在城市与访问城市同城分布情况

排名	同城访问城市数量/个	同城访问所占比例	AT 数量均值区间
1～10	9	0.90	(64, 268]
11～50	32	0.80	(20, 64]
51～100	28	0.56	(13, 20]
101～200	42	0.42	(8, 13]
201～300	35	0.35	(5, 8]

3. 距离关系

计算每个 AT 与其访问用户所在位置（用户所在城市中心点）的大圆航线距离，利用基于首尾分割法的用户所在地与访问中心空间距离分类方法，可得访问距离分类及占比情况。结果发现，超过 57%的用户，访问中心的位置在其所在位置的 112 km 范围内，说明大部分用户需求集中在其所在城市周边，验证了城市关系研究的结论；少量用户对远距离的区域进行访问。由于在第 5 次划分中，尾部数量占比小于 50%，所以划分到第 4 次结束。距离分布的具体情况如图 5.5 所示，图中 y 轴的概率为当前区间在所有 AT 中所占的比例。结合表 5.5 和图 5.5 可以发现，30%用户所在地与 AT 距离小，集在城市中心点 43 km 范围内。

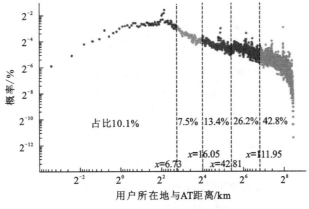

图 5.5　用户所在地与 AT 距离分布

引自李茹等（2019）

表 5.5 用户所在地与访问中心距离分布的首尾分割统计结果

序号	数值总和/km	数量/个	均值/km	头部 AT 数量/个	头部数量占比
1	29 148 930.46	26 037	111.95	14 903	0.57
2	6 379 962.42	14 903	42.81	8 080	0.54
3	1 296 949.16	8 080	16.05	4 600	0.57
4	309 915.04	4 600	6.73	2 642	0.57
5	97 323.10	2 642	3.68	1 242	0.47

本小节以微观的用户访问会话为切入点，设计一种基于 WMTS 数据组织方式和访问频次的访问中心识别算法，提取用户访问目标，深入探究不同用户的地理信息需求特征；借助多种时空指标，从各个方面定量化分析用户访问行为在时间与空间上的分布特征。最后得到用户访问主要集中在同省、同城这一结论，并利用首尾分割法定量验证了大部分用户的访问需求集中于城市周边。

5.1.3 基于用户–访问城市关系网络的用户访问行为

用户与城市之间存在复杂的关联关系，如图 5.6 所示。用户的访问行为与被访问城市产生行为关系，行为关系的强弱受城市关联和城市结构影响，具体体现在用户所在城市和被访问城市之间的相关性影响用户访问倾向，城市空间结构是用户访问的外在驱动。因此，本小节构建用户–访问城市之间的关系网络，对用户的空间访问聚集行为进行研究（陈文静 等，2021）。

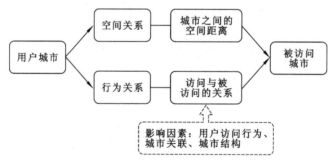

图 5.6 用户与城市之间的关联关系

引自陈文静等（2021）

基于全空间信息系统的建模理论，将网络地理信息服务中用户–访问城市的关系通过网络图模型进行抽象，构建用户与访问城市之间关系网络 G 。

$$G = (V, E, W) \tag{5.2}$$

式中：$V = \{城市\}$，为构成网络的顶点集，包括 2 种顶点类型，即用户所在城市顶点 $VU = \{vu_1, vu_2, \cdots, vu_i, \cdots, vu_m\}$ 和被访问城市顶点 $VC = \{vc_1, vc_2, \cdots, vc_i, \cdots, vc_m\}$；$E = \{E_A$：行为关系；$E_D$：空间关系$\}$，为城市顶点偶对间的行为关系和空间关系；$W = \{W_A$：行为

关系强度；W_D：空间距离}，其中 W_A、W_D 分别为行为关系和空间关系权重。

　　G 中的行为关系反映用户与城市之间访问关系的强弱，其值越大说明用户的访问概率越大。图 5.7 为用户-访问城市关系网络 G 示意图。G 由 m 个用户所在城市节点和 n 个被访问城市节点组成。E_A 表示城市节点之间是否存在行为关系，在图中用实线表示，权重 W_A 表示城市节点之间行为关系强度大小，$W_{A_{ij}}$ 表示用户所在城市 i 与被访问城市 j 之间的关系强度大小；E_D 表示城市节点之间是否存在空间关系，在图中用虚线表示，权重 W_D 表示城市节点之间空间距离大小，$W_{D_{ij}}$ 表示用户所在城市 i 与被访问城市 j 之间的空间距离大小。

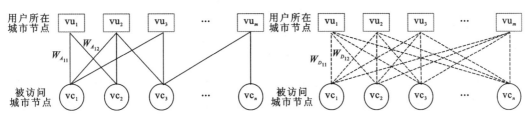

图 5.7　用户-访问城市关系网络示意图

引自陈文静等（2021）

　　如图 5.7 所示，城市 vu_1 的用户访问过 2 个城市 vc_1 和 vc_2，城市 vu_1 与城市 vc_1、城市 vu_2 之间行为关系强度大小分别为 $W_{A_{11}}$ 和 $W_{A_{12}}$，空间距离大小分别为 $W_{D_{11}}$ 和 $W_{D_{12}}$。

　　由于行为关系强度的表达需要同时考虑用户访问行为、城市关联关系和城市结构，所以可以采取多源数据融合的方法得到行为关系强度的一致性描述，通过式（5.3）获得融合后的行为关系矩阵，用于计算关系网络 G 中连接边的行为关系强度大小。

$$U' = L(F(U), F(N), F(P)) \tag{5.3}$$

式中：U' 为行为关系矩阵；U 为用户访问行为；N 为城市之间的关联强度；P 为被访问城市的结构；L 为数据融合的方法；F 为提取数据中有效信息的方法。用户访问行为矩阵 U 为 $n×n$ 的矩阵，其中 n 为城市的个数，U_{ij} 为城市 i 被用户所在城市 j 访问的次数；城市关联矩阵 N 为 $n×n$ 的矩阵，其中 N_{ij} 为城市 i 对城市 j 的关联强度；城市结构矩阵 P 为 $n×m$ 的矩阵，其中 m 为 POI 的种类数，P_{ij} 为城市 i 中第 j 类 POI 的占比。

　　为了提取用户访问行为矩阵、城市关联矩阵和城市结构矩阵的有效信息，对矩阵进行分解。在矩阵分解模型中，假设用户所在城市与其他城市的关系是由用户所在城市的因子向量和被访问城市的因子向量共同作用得到的。用户访问行为矩阵 U 的分解模型如图 5.8 所示，模型定义用户所在城市的隐因子向量矩阵为 $W_{n×k}$，其中第 i 行表示用户所在城市 i 在隐空间中的因子向量，k 为用户所在城市隐因子向量的维度。定义 $V_{n×k}$ 表示被访问城市的隐因子矩阵，其中第 i 行表示被访问城市 i 在隐空间中的因子向量，k 为被访问城市隐因子向量的维度。分解模型可定义为

$$F(U) = VW^{\mathrm{T}} \tag{5.4}$$

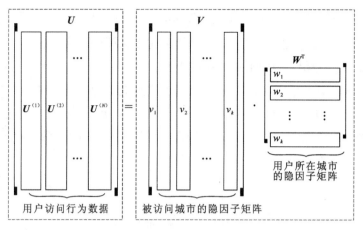

图 5.8　用户访问行为矩阵分解

引自陈文静等（2021）

其他 2 个矩阵的分解与之类似，城市结构矩阵 P 被分解成 $V_{n\times k}$ 和 $Q_{m\times k}$，$Q_{m\times k}$ 表示城市结构的隐因子矩阵；城市关联矩阵 N 被分解成 $W_{n\times k}$ 和 $W_{n\times k}$，$W_{n\times k}$ 表示城市关联的隐因子矩阵。

通过对用户访问行为矩阵 U、城市结构矩阵 P 和城市关联矩阵 N 这 3 个矩阵进行分解，可以得到被访问城市的隐因子矩阵 $V_{n\times k}$、用户所在城市关联的隐因子矩阵 $W_{n\times k}$ 和城市结构的隐因子矩阵 $Q_{m\times k}$。这些实体矩阵同时参与多个关系，所以可以共享这些隐因子矩阵，通过对共享隐因子矩阵进行非线性的组合及相关约束（图 5.9），达到对用户访问行为数据进行补充的目的。

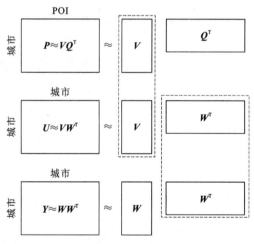

图 5.9　分解矩阵结构

引自陈文静等（2021）

为了探究用户访问的空间聚集性，对关系网络 G 进行聚类。模糊 C 均值聚类算法（fuzzy C-means algorithm，FCM）是基于对目标函数的优化的一种数据聚类方法，它的思想是用隶属度确定每个数据点属于某个聚类的程度。本小节在 FCM 的基础上提出了一种顾及用户所在城市属于不同城市群概率的聚类算法，命名为 PFCM，该算法的主要思想是在目标函数中加入用户所在城市对城市群中城市的访问概率作为聚类的基本依据，使得聚类结果能有效地兼顾城市的空间距离和用户对不同城市的访问偏好。

设访问城市集合为 A，其中包含 n 个城市，需将城市聚类为 c 个城市群，每个城市群都有一个对应的中心 C，聚类中心约束条件为 $C \in A$。城市 j 属于城市群 i 的隶属度设为 s_{ij}，城市 j 访问城市群 i 中所有城市的概率设为 p_{ij}。由此得目标函数 J 和约束条件，求取目标函数 J 的极值，当目标函数 J 达到极值后，根据 s_{ij} 判断城市 j 归属的城市群，目标函数如下所示：

$$J(S, c_1, c_2, \cdots, c_c) = \sum_{i=1}^{c} J_i = \sum_{i=1}^{c} \sum_{j=1}^{n} p_{ij} s_{ij}^m d_{ij}^2 \qquad (5.5)$$

式中：$s_{ij} \in [0,1]$；c_i 为城市群 i 的聚类中心；p_{ij} 为城市 j 访问城市群 i 的概率；d_{ij} 为城市群 i 的聚类中心与城市 j 之间的距离；m 为一个加权指数，具体如下：

$$d_{ij} = d(c_i, x_j) + g(c_i, x_j) \qquad (5.6)$$

式中：$d(c_i, x_j)$ 为关系网络 G 中城市 x_j 与城市 c_i 空间距离的归一化值；$g(c_i, x_j)$ 为关系网络 G 中城市 x_j 与城市 c_i 的行为关系强度的最短加权路径。

隶属度的约束条件为

$$\sum_{i=1}^{c} s_{ij} = 1, \quad \forall j = 1, 2, \cdots, n \qquad (5.7)$$

根据式（5.7）构造新的目标函数，来求使得式（5.5）达到最小值的必要条件：

$$
\begin{aligned}
J(S, c_1, \cdots, c_c, \lambda_1, \cdots, \lambda_n) &= J(S, c_1, \cdots, c_c) + \sum_{j=1}^{n} \lambda_j \left(\sum_{j=1}^{c} s_{ij} - 1 \right) \\
&= \sum_{i=1}^{c} \sum_{j}^{n} p_{ij} s_{ij}^m d_{ij}^2 + \sum_{j=1}^{n} \lambda_j \left(\sum_{j=1}^{c} s_{ij} - 1 \right)
\end{aligned}
\qquad (5.8)
$$

根据式（5.8）对变量 s_{ij} 进行求导，得到 s_{ij} 的更新公式：

$$s_{ij} = \frac{1}{\sum_{k=1}^{n} \left[\left(\dfrac{p_{ij}}{p_{kj}} \right)^{1/(m-1)} + \left(\dfrac{p_{ij}}{p_{kj}} \right)^{2/(m-1)} \right]} \qquad (5.9)$$

由于城市集合 A 是离散的，不能用求导的方法对聚类中心 c_i 进行更新，所以使用穷举法对 A 中的每个城市进行遍历，找到代价最小的城市作为新的聚类中心。

使用 PFCM 时，将用户映射到其所在的城市，k 值用于控制用户城市群的个数，随着 k 值的逐渐增大，原本在相同类别但关系较弱的城市会被分离成新的类别，新类别内部的关联比原先类别的关联性更大。PFCM 的结果是使相互间访问概率较高的用户所在的城市聚类成一个城市群。选取 k 值为 2、5、7、10、12、15 的聚类结果，对用户访问聚集行为形成的用户城市群的分裂趋势进行分析。

由图 3.12 可以看出，当 $k=2$ 时，用户城市群基本可以分为南北 2 类，此时，各自城市群内部的用户与城市的关联强度最大。当 $k=5$ 时，原先的南北城市群分为以京津冀为首的北部城市群、以长江三角洲为首的东部城市群、以珠江三角洲为首的南部城市群、以成渝城市群为首的西部城市群和以中原城市群为首的中部城市群，用户访问行为的聚类结果与我国东南西北中五大区域划分较为一致，说明用户的访问存在着显著的地域性。随着 k 值的继续增大，用户的访问聚类结果逐渐与国家城市群接近，以上实验结果说明，用户更偏向于访问与自己所在城市接近且相关性较高的城市。

本小节综合考量了影响网络地理信息服务中用户访问行为的内在兴趣因素：城市关联性因素和城市结构因素，基于矩阵分解的方法融合用户访问行为数据、城市关联数据和城市结构数据作为用户访问行为关系强度的表达。考虑到只以空间距离实现聚类的方法无法兼顾关系网络中用户对不同城市的访问偏好，造成聚类结果的偏差，本小节在FCM 的基础上提出 PFCM，以用户对城市的访问概率作为用户行为聚类依据之一，同时兼顾关系网络中城市间的空间距离和访问行为关系强度，实现用户的聚集模式的挖掘。

5.1.4　经济发展对用户行为的影响

城市经济发展水平与用户行为的时空规律也具有较强的相关性。国内外对城市发展水平与用户行为关系的研究较少，相关研究可以追溯到对城市发展水平与互联网发展水平的相关性研究。Beilock 等（2003）通过分析互联网使用率的区域分异性，指出城市的人均 GDP 水平是影响互联网使用率的最重要因子。Hao 等（2004）研究发现金融发展状况、电信基础设施完善程度、城市化水平、政府稳定程度等对互联网发展有显著影响。邱娟等（2010）通过多元回归分析法认为区域现代化综合水平因子、区位因子和信息基础设施因子是影响我国互联网普及率的三大关键因素。公共在线地图作为互联网应用服务之一，其发展也与城市的发展水平有一定关系，即城市的发展水平会对公共地图用户群体的访问行为造成影响。

本小节基于主成分回归（principal component regression，PCR）提出在线地图访问量的决定模型，对影响在线地图用户访问量区域差异的主要决定因素进行探究（Li et al.，2017c）。选择 28 个重点城市的访问量作为因变量，并选择城市规模、人口质量、经济、公共交通发展水平和公共服务发展水平作为 5 个决定因素，共 14 个变量被用来解释在线地图的用户访问量，如表 5.6 所示。解释变量用 $X = \{x_1, x_2, \cdots, x_{14}\}$ 表示。

表 5.6　用户访问量的决定因素和解释变量

决定因素	解释变量
城市规模	城市面积（x_1）
	城市人口（x_2）
人口质量	平均受教育年份（x_3）
	18～40 岁（中青年）人口占比（x_4）
经济	人均 GDP（x_5）

决定因素	解释变量
	乘客容纳量（x_6）
	地铁站数量（x_7）
公共交通发展水平	公交站数量（x_8）
	停车场数量（x_9）
	加油站数量（x_{10}）
	餐馆数量（x_{11}）
公共服务发展水平	旅游景点数量（x_{12}）
	酒店数量（x_{13}）
	金融设施数量（x_{14}）

主成分回归是处理具有高维协变的数据的方法。当原始变量相关时，PCR 可以通过显著降低有效数来降低维度。以下介绍研究中应用 PCR 模型的 5 个步骤。

（1）计算相关系数矩阵。PCR 的第一步是检查原始变量之间的共线性，得到相关系数矩阵 $\boldsymbol{R}$：

$$\boldsymbol{R} = \begin{bmatrix} r_{11} & r_{12} & \cdots & r_{1p} \\ \vdots & \vdots & & \vdots \\ r_{p1} & r_{p2} & \cdots & r_{pp} \end{bmatrix} \tag{5.10}$$

式中：p 为变量的数量，这里 $p=14$；r_{ij} 为 x_i 和 x_j 的相关系数。根据卡尔·皮尔逊提出的计算公式：

$$r_{ij} = \frac{\sum_{k=1}^{n}(x_{ki}-\overline{x}_1)(x_{kj}-\overline{x}_1)}{\sum_{k=1}^{n}(x_{ki}-\overline{x}_1)^2 \sum_{k=1}^{n}(x_{kj}-\overline{x}_1)^2} \tag{5.11}$$

式中：n 为样本数据的数量；$\overline{x}$ 为 x_i 的数学期望值；x_{ki} 为第 k 个城市 x_i 的值。

（2）计算特征值和特征向量。根据相关系数矩阵 $\boldsymbol{R}$ 建立特征方程 $|\lambda I - \boldsymbol{R}| = 0$，然后用雅可比方法计算特征值 $\lambda_i\,(i=1,2,\cdots,14)$，并按降序排列，这意味着 $\lambda_1 > \lambda_2 > \cdots > \lambda_{14}$。然后，分别得到特征值对应的特征向量。

（3）计算主成分的累积贡献概率。

$$z_i = \frac{\lambda_i}{\sum_{k=1}^{14}\lambda_k}, \quad i=1,2,\cdots,14 \tag{5.12}$$

$$Z_i = \frac{\sum_{k=1}^{i}\lambda_k}{\sum_{k=1}^{14}\lambda_k}, \quad i=1,2,\cdots,14 \tag{5.13}$$

式中：z_i 为分量 i 的贡献概率；Z_i 为 z_i 的累积贡献概率。

通常，当第 m 个主成分的累积贡献概率达到85%时，可以取前 m 个主成分，放弃残差成分来降维。根据表5.7，当使用3个主成分时，累积贡献概率已经高于85%。因此，选择前3个主成分 F_1, F_2, F_3 作为最终的主成分。表5.8显示了原始14个变量在主成分提取后的方差。除人均GDP因子和人口质量因子外，所有变量的损失程度都较小，这表明主成分很好地替代了原始变量 $x_i\ (i=1,2,\cdots,14)$。

表5.7 用户访问量各主成分的贡献概率和累积贡献概率

主成分	特征值	贡献概率/%	累积贡献概率/%	主成分	特征值	贡献概率/%	累积贡献概率/%
F_1	7.632	54.515	54.515	F_8	0.152	1.088	98.792
F_2	2.780	19.857	74.372	F_9	0.082	0.589	99.381
F_3	1.605	11.461	85.833	F_{10}	0.049	0.347	99.728
F_4	0.621	4.438	90.271	F_{11}	0.029	0.205	99.932
F_5	0.535	3.821	94.092	F_{12}	0.008	0.057	99.989
F_6	0.290	2.074	96.166	F_{13}	0.002	0.009	99.998
F_7	0.215	1.539	97.704	F_{14}	0.001	0.003	100.000

表5.8 用户访问量各决定因素的方差

解释变量	原始值	提取值	解释变量	原始值	提取值
x_1	1.000	0.935	x_8	1.000	0.858
x_2	1.000	0.780	x_9	1.000	0.966
x_3	1.000	0.966	x_{10}	1.000	0.791
x_4	1.000	0.708	x_{11}	1.000	0.883
x_5	1.000	0.967	x_{12}	1.000	0.934
x_6	1.000	0.758	x_{13}	1.000	0.824
x_7	1.000	0.886	x_{14}	1.000	0.823

（4）计算每个主成分的负载。基于式（5.14）计算不同主成分中每个变量 $x_i\ (i=1,2,\cdots,14)$ 的负载矩阵：

$$L_{ij} = \sqrt{\lambda}\, e_{ij}, \quad i=1,2,3; j=1,2,3 \qquad (5.14)$$

式中：L_{ij} 为第 j 个变量在第 i 个主成分中的得分；λ_i 为第 i 个特征值，e_{ij} 为第 i 个特征向量 e_{ij} 的第 j 个分量。

（5）多元回归分析。对原始变量进行降维和主成分提取后，结合 F_1, F_2, F_3 的公式，

取 14 个抽样城市的数据,进行线性回归,可以得到城市在线地图用户访问的回归函数:

$$Y = 175\,665.438 + 54\,892.560F_1 + 6\,501.876F_2 - 54\,499.588F_3 \qquad (5.15)$$

式中:Y 为该城市的在线地图用户访问量。

表 5.9 显示了三个主成分的构成方程。在 F_1 中,除了中青年人口占比、人均 GDP 和旅游景点数量外,其他解释变量都有较高的解释系数。所以 F_1 可以反映城市规模、公共交通发展水平和公共服务发展水平。在 F_2 中,人均 GDP 达到最大值,反映了经济的影响。在 F_3 中,城市面积和旅游景点数量的解释系数较高,可以反映一个城市的流通能力。

表 5.9　用户访问量的主成分构成方程

解释变量	主成分			解释变量	主成分		
	F_1	F_2	F_3		F_1	F_2	F_3
x_1	0.493	0.017	0.832	x_8	0.877	0.202	-0.219
x_2	0.726	0.404	-0.301	x_9	0.939	0.262	0.124
x_3	0.849	-0.487	0.089	x_{10}	0.660	-0.531	-0.119
x_4	0.382	0.634	0.399	x_{11}	0.883	-0.303	0.107
x_5	0.169	0.854	0.014	x_{12}	0.225	0.601	0.722
x_6	0.703	-0.387	0.044	x_{13}	0.907	0.006	-0.031
x_7	0.819	0.432	-0.168	x_{14}	0.862	0.262	-0.110

本小节基于 PCR 分析法对 14 个可能影响在线地图用户反映量的指标进行研究,结果表明城市规模是用户访问量区域分异的主要决定因素,其次是公共交通发展水平和公共服务发展水平。通过研究不难发现,在线地图用户对经济发达型城市的访问兴趣明显高于经济水平较差的城市,表明在线地图用户对城市的访问行为受城市经济水平的影响。

5.2　内在动力机制

用户访问兴趣是用户行为的内部驱动机制,多隐式地蕴含在用户的访问内容、访问行为中。研究用户访问兴趣有助于地图服务运营商更加高效、智能地提供服务。相关的研究方法从最初借鉴基于 Web 的研究方法对用户的访问内容(Limam et al.,2010)、用户访问行为(Holub et al.,2010)进行全局统计,到结合网络地理信息理论、考虑用户个人兴趣偏好及兴趣变化,提高了用户地理访问兴趣的可解释性(Li et al.,2015);研究目的从对用户访问兴趣的挖掘深入到用户访问兴趣的预测,有助于地图运营商提供更加高效的服务方式。

当前相关研究多集中于访问内容或群体用户访问行为,即关于用户兴趣的时间周期和空间聚合的研究得到了较快的发展，表明用户访问内容与访问行为隐含了大量的用户兴趣，基于这些信息可以对用户访问兴趣进行有效挖掘，然而从微观角度对网络地图服务平台（web map service platform，WMSP）的浏览行为的研究还处于起步阶段，对不同个体用户的兴趣差异及同一用户在不同时间的兴趣转移的研究仍然相对空白。此外，群体用户中往往包含一些特定领域的用户，其网络访问行为具有显著的差异性。现有研究基于群体用户对不同类型空间要素的访问频率作为用户访问兴趣，忽视了用户群体的领域属性对用户访问兴趣的影响，缺少用户对空间要素的共现关联兴趣模式的考量，如何基于用户访问的空间要素挖掘领域用户访问兴趣的共现性及其组成表达是挖掘领域用户访问兴趣的关键。

5.2.1 基于 VSGIIM 的用户访问兴趣分布

本小节以用户访问会话为研究粒度，融合用户访问内容与访问行为，提出基于向量空间的用户地理信息兴趣模型（vector space geographic information interest model，VSGIIM）（李茹，2019），刻画用户地理信息兴趣分布；并通过对用户访问会话进行聚类分析，挖掘网络地图用户访问会话中的地理信息兴趣特征。

在信息检索与文本挖掘领域，向量空间模型（vector space model，VSM）能够以向量的形式表达非结构化的文本，在文本表达上显示出很强的优越性；但 VSM 仅关注用户访问内容，缺乏对用户访问行为的考虑。本小节在 VSM 的基础上，引入融合用户访问内容与访问时长的兴趣度（user interest degree，UIntD），通过对 VSM 进行扩展，使其能够更加准确地描述网络地图中用户的地理信息兴趣分布情况，该新模型称为 VSGIIM，建立流程如下。

（1）首先依据日访问量和访问速度变化特征进行用户筛选，对满足条件的用户进行访问内容的时间序列分割与会话识别。对日志记录进行时间序列分割，获得用户在不同访问子序列的兴趣分布，并以式（5.16）的形式记录：

$$\{\text{sess}_s, \text{date}_s, \text{hour}_s, \text{timelen}_x, \{(t_1, c_1), \cdots, (t_j, c_j), \cdots, (t_J, c_J)\}\} \qquad (5.16)$$

式中：s 为访问会话编号；x 为用户当前访问内容子序列编号，也代表用户访问操作即访问的兴趣区域；j 为访问内容类兴趣特征的编号，j 的取值范围是 $[1,2,\cdots,J]$；J 为访问内容类兴趣特征的维度，本小节 J 的值为 16，表示 16 类 POI，即餐饮类、住宿类、批发零售类、汽车类、金融类、文教类、社保医疗类、运动旅游类、公共设施类、商业设施与服务类、居民服务类、企业类、交通与仓储类、科研类、农林牧渔类及地名地址类。date 和 hours 为当前访问会话发生的日期和小时，timelen_x 记录用户对当前兴趣区域的访问时长，单位为 s，它们都属于访问行为类兴趣特征；t_j 表示第 j 个访问内容类兴趣特征，c_j 为第 j 个访问内容类兴趣特征对应的 POI 访问量。值得注意的是，访问时长仅在操作尺度上存在，而访问内容类兴趣特征在操作尺度与会话尺度上均存在。

（2）融合用户访问内容与访问行为的地理信息兴趣度计算方法，计算用户在该会话中对不同访问内容类兴趣特征的兴趣度 uintid_j。

在用户兴趣建模中，兴趣度（UIntD）是用来衡量用户访问兴趣强弱的指标。将用户在当前页面的停留时长（即下一操作与当前操作的时间间隔）当作用户对当前地理信息的访问时长。访问时长越长，用户兴趣度越大；访问时长越短，用户兴趣度越小。本小节利用访问时长对用户访问中的操作行为进行重要性评估，再考虑用户访问内容，通过统计用户对各 POI 类别的访问量，借助数据项频率-反文档频率（term frequency-inverse document frequency，TF-IDF）算法，计算用户在访问会话中对各访问内容类兴趣特征的兴趣度。具体步骤如下：

$$\text{aoi\_imp}_x = \frac{\text{timelen}_x}{\text{mean}_{\text{time}}} \tag{5.17}$$

$$\text{tc}_s'^{\,j} = \text{tc}_s^{\,j} \cdot \text{aoi\_imp}_x \tag{5.18}$$

式中：x 为对用户访问内容进行时间序列分割后的子序列编号，即用户访问操作编号；timelen_x 为用户对当前兴趣区域的访问时长；$\text{mean}_{\text{time}}$ 为用户在当前会话中，对兴趣区域的平均访问时长；aoi_imp_x 为当前访问子序列对应兴趣区域的重要度（importance degree）；$\text{tc}_s'^{\,j}$ 为融合用户访问时间后，用户在会话 s 中对第 j 类 POI 的访问量修正值，代入 TF-IDF 模型［式（5.19）～式（5.22）］计算得 tc_s'、$\text{tc}'^{\,j}$、tc' 及 $\text{uintid}_s'^{\,j}$。

$$\text{tc}_s' = \sum_{j=1}^{J} \text{tc}_s'^{\,j} \tag{5.19}$$

$$\text{tc}'^{\,j} = \sum_{s=1}^{m} \text{tc}_s'^{\,j} \tag{5.20}$$

$$\text{tc}' = \sum_{j=1}^{J} \sum_{s=1}^{m} \text{tc}_s'^{\,j} \tag{5.21}$$

$$\text{uintid}_s'^{\,j} = \frac{\text{tc}_s'^{\,j} / \text{tc}_s'}{\text{tc}'^{\,j} / \text{tc}'} \tag{5.22}$$

式中：$\text{uintid}_s'^{\,j}$ 为会话 s 中用户对第 j 个访问内容类兴趣特征的兴趣度；由于访问内容类兴趣特征与 POI 的类别相对应，$\text{tc}_s'^{\,j}$ 即为会话 s 中用户访问第 j 类 POI 的总数；tc_s' 为会话 s 的 POI 总访问量；$\text{tc}'^{\,j}$ 为第 j 类 POI 的总访问量；tc' 为所有会话的 POI 总访问量；J 为访问内容类兴趣特征的总维度，即共有 J 个访问内容类兴趣特征；s 表示访问会话编号，会话样本量为 m，即 s 的取值范围是 $[1, 2, \cdots, m]$。

（3）在（1）（2）的基础上，获得用户在一次完整访问会话中的地理信息兴趣分布，并以式（5.23）的形式表示：

$$\{\text{date}_s, \text{hour}_s, \{(t_1, \text{uintid}_1), \cdots, (t_j, \text{uintid}_j), \cdots, (t_J, \text{uintid}_J)\}\} \tag{5.23}$$

（4）基于 k 均值的地理信息兴趣聚类。基于 k 均值算法将 12 098 个用户访问会话划分成 15 类数据。为了方便比较不同类别的兴趣特征分布的差异，对所有数值进行归一化处理。按照兴趣偏好的强度，将用户兴趣划分成弱、较弱、中、较强、强 5 类，定义[0, 0.1）为弱访问兴趣，[0.1, 0.25）为较弱访问兴趣，[0.25, 0.5）为中访问兴趣，[0.5, 0.75）为较强访问兴趣，[0.75, 1]为强访问兴趣。离散化处理后，各类别的兴趣特征强弱分布如表 5.10 所示。

表 5.10　离散化后各类别兴趣特征分布表

POI 类别	类别 1	类别 2	类别 3	类别 4	类别 5	类别 6	类别 7
餐饮类	弱	较弱	中	弱	弱	较弱	弱
住宿类	弱	弱	较弱	弱	弱	强	弱
批发零售类	弱	较弱	较强	弱	弱	较弱	弱
汽车类	弱	强	中	较弱	弱	较弱	弱
金融类	弱	较弱	强	较弱	弱	弱	弱
文教类	强	弱	弱	弱	弱	弱	弱
社保医疗类	弱	弱	中	弱	弱	较弱	弱
运动旅游类	弱	弱	弱	强	弱	弱	弱
公共设施类	较弱	弱	弱	弱	弱	弱	弱
商业设施与服务类	弱	较弱	强	弱	弱	弱	弱
居民服务类	弱	较强	强	弱	弱	弱	弱
企业类	弱	较弱	中	较弱	弱	弱	弱
交通与仓储类	弱	较弱	中	弱	弱	弱	弱
科研类	弱	弱	中	较弱	弱	较弱	弱
农林牧渔类	弱	弱	较弱	较弱	弱	较弱	弱
地名地址类	弱	较弱	中	弱	强	较弱	弱
样本数量	1 279	179	319	122	3	3 301	370

POI 类别	类别 8	类别 9	类别 10	类别 11	类别 12	类别 13	类别 14	类别 15
餐饮类	较强	弱	较弱	较弱	较弱	弱	弱	弱
住宿类	较弱	弱	弱	较弱	弱	较弱	弱	弱
批发零售类	较弱	较弱	较强	中	较弱	弱	弱	弱
汽车类	弱	较弱	较弱	较弱	较弱	弱	弱	弱
金融类	弱	中	较弱	较弱	中	弱	弱	弱
文教类	弱	弱	弱	弱	弱	弱	弱	较弱
社保医疗类	较弱	弱	较弱	较弱	较弱	中	弱	弱
运动旅游类	弱	弱	弱	弱	弱	弱	弱	弱
公共设施类	弱	弱	弱	弱	弱	弱	弱	较弱
商业设施与服务类	弱	较弱	较弱	较弱	中	弱	弱	弱
居民服务类	弱	较弱	较弱	较弱	较弱	弱	弱	弱

POI 类别	类别 8	类别 9	类别 10	类别 11	类别 12	类别 13	类别 14	类别 15
企业类	弱	强	较弱	较弱	中	弱	弱	弱
交通与仓储类	弱	较弱	弱	弱	较弱	弱	较强	弱
科研类	弱	弱	弱	弱	强	弱	弱	弱
农林牧渔类	弱	弱	弱	较弱	弱	弱	弱	弱
地名地址类	弱	较弱	较弱	较弱	较弱	弱	弱	弱
样本数量	768	98	116	644	157	1 431	3 181	130

从聚类结果样本数量分布上看，第 6 类和第 14 类所占会话的数量最大，代表了大部分用户在访问中的地理信息兴趣偏好。第 5 类的数量最少，仅有很少量的会话个体，其余各类别的样本数量从几十到上千不等。

从具体的兴趣特征分布来看，会话数量较多的第 6 类、第 14 类、第 13 类、第 1 类，其主要的地理信息兴趣偏好分别集中在住宿类、交通与仓储类、社保医疗类及文教类。对聚类得到的 15 个类别进行仔细研究，发现它们所描述的用户地理信息兴趣偏好分别具有如下特征。

类别 1：对文教类 POI 感兴趣。用户进行会话访问的目标主要是各类学校、考试中心、博物馆、图书馆、电视台等文化媒体。

类别 2：对汽车类 POI 具有强访问兴趣，同时对居民服务类 POI 有较强访问兴趣。用户进行会话访问的主要目标是汽车销售、维修、保养、服务等，同时对居家服务、洗衣、美容院等个人服务也有兴趣需求。该类用户多是有车一族，同时对生活服务存在较高的体验需求。

类别 3：对金融类、商业设施与服务类、居民服务类 POI 感兴趣。这类访问会话的主要访问目标是公司、工业园区、商务中心、大厦等，用户可能大多为需要了解上述 POI 位置信息的上班人员。

类别 4：对各类 POI 兴趣偏好普遍较弱，对运动旅游类 POI 感兴趣。这类会话主要是为了休闲娱乐，如查询羽毛球场、电影院、度假村、风景名胜的位置信息等。

类别 5：对地名地址类 POI 具有强烈的兴趣偏好。访问的目标涉及行政地名、自然地物、门牌信息等，用户访问目的可能是了解某些行政地域或者山川河流等自然地物。但因为该种类的样本数量非常少，无法进行细致的分析。

类别 6：对住宿类 POI 感兴趣。用户访问目的可能是商业住宿类、星级酒店、住宅楼等，产生该类别访问会话的用户大多可能是外地来的旅客或者需要走访他人的人。该类别所占会话数量多，说明住宿类是用户地理信息兴趣的主要偏好。

类别 7：同时对餐饮类、住宿类、社保医疗类、交通与仓储类等 POI 具有较弱的兴趣。该类会话中，用户的地理信息兴趣特征多且杂，很可能是因为用户倾向于在一次访问中对感兴趣的目的地进行全方位的了解。

类别 8：用户进行会话访问的主要目的是饮食，对餐饮类 POI 具有较强的兴趣。

类别 9：对企业类具有强访问兴趣，同时对金融类 POI 也感兴趣。进行该类别会话访问的用户较大可能是需要出差的职员，需要了解公司的位置信息，同时会关注银行、证券等服务的位置信息。

类别 10：对批发零售类 POI 具有较强的兴趣。该类别的访问会话主要是为了满足用户的商品需求，如超市、便利店、服装店、药店等。

类别 11：总体而言与类别 10 较为相似，主要特征也是对批发零售类 POI 感兴趣，但兴趣强度相对弱一些。

类别 12：对科研类 POI 具有很强的兴趣，同时对金融类、商业设施与服务类、企业类 POI 感兴趣。用户在进行该类访问会话的过程中，兴趣偏好具有多样性，但主要特征是对科研机构存在较大的兴趣。

类别 13：对社保医疗类 POI 感兴趣，同时对住宿类存在较弱的兴趣。这类会话的访问用户可能因为生病等原因需要了解综合医院、体检机构等医疗机构的位置信息，同时衍生出部分住宿类需求。

类别 14：对交通与仓储类 POI 具有较强的兴趣。该类别的访问会话主要对如火车站、地铁站、机场、加油站、高速入口等客货运输及交通附属设施的地理信息兴趣。由于该类会话与用户出行息息相关，该类别在聚类中所占数量大。

类别 15：对各类 POI 兴趣偏好普遍较弱，对文教类和公共设施类 POI 相对感兴趣。进行该类别会话访问的用户可能对学校、文化媒体、政府及管理机构等种类的 POI 具有相对较强的信息需求。

本小节提出了基于用户访问会话的地理信息兴趣模型 VSGIIM，并通过聚类探究用户地理信息兴趣分布特征。VSGIIM 的兴趣特征同时包含访问内容类兴趣特征与访问行为类兴趣特征，实现了用户在会话中访问内容与访问行为的综合。通过对用户访问会话进行 k 均值聚类，分析了用户访问会话中的地理信息兴趣的多样性与差异性特征。

5.2.2 基于 UMIHMM 的用户访问兴趣迁移模式

本小节基于 VSM，使用用户观测范围内的 POI 数据构建用户兴趣混合表示的向量；在隐马尔可夫模型（hidden Markov model，HMM）的基础上根据兴趣序列中兴趣的混合特征进行扩展，即用户混合兴趣的隐马尔可夫模型（user's mixed interest hidden Markov model，UMIHMM），获得用户的兴趣序列，将访问兴趣序列中每个序列节点由混合兴趣转化成明确且单一的兴趣，为兴趣迁移模式的挖掘和兴趣迁移预测提供基础。

用户兴趣度量是实现主动服务的基础。通常用户访问的目标由多个瓦片组成，将目标所包含的瓦片中心的平均经纬度位置作为目标点位置，所有瓦片在空间上的分布作为观测范围，观测范围内的 POI 分布决定了用户的兴趣分布，瓦片范围的计算如下所示：

$$R = \frac{1}{\text{scale}} \cdot \frac{0.025\,4}{\text{dpi}} \cdot 256 \tag{5.24}$$

式中：R 为瓦片范围；scale 为当前层级下的比例尺；dpi 为每英寸的像素数。

在访问过程中，用户对每个 POI 类别的访问量可以客观地描述用户对每类地理信息的兴趣强度。但是对一个地理空间来说，极少会出现只有单一 POI 类别分布的区域，用户一次访问过程中涉及的 POI 类别是多样的，所体现出来的兴趣是混合的，研究需要表示出用户对各类地理信息兴趣的概率。参考 VSM 建模方法，根据观测范围内 POI 的分布及 POI 到目标点的距离计算各类兴趣的大小，如下所示：

$$\text{doi}_v^j = \sum_{m=1}^{M} \frac{1}{d_v^m} \tag{5.25}$$

式中：doi_v^j 为目标点 v 中用户对第 j 类兴趣的兴趣度；找到观测范围内在 j 类兴趣下所有的 POI 集合，集合内 POI 的个数为 M；d 为集合中第 m 个 POI 到访问中心的距离。为了满足用户访问时各类兴趣的兴趣度总和为 1，做如下处理：

$$\text{doin}_v^j = \text{doi}_v^j \Big/ \sum_{j=1}^{J} \text{doi}_v^j \tag{5.26}$$

式中：doin_v^j 为目标点中用户对第 j 类兴趣的兴趣度；J 为兴趣类别的总数。

定义用户兴趣后，针对用户访问内容序列与访问兴趣序列使用隐马尔可夫模型进行描述：用户兴趣类别对应于 HMM 中的隐藏状态，访问内容类别相当于 HMM 中的观测值。但是一个隐藏状态不是确定的兴趣类别，而是多个兴趣类别组成的向量。因此根据兴趣的混合表示特征对 HMM 进行扩展，提出 UMIHMM，由 $\lambda(N,M,A,B,\pi)$ 表示。其中 N 是用户兴趣类别的数量，M 是用户访问内容类别的数量，A 是兴趣类别之间的转移概率，B 是在不同兴趣下用户访问不同内容类别的概率，π 是初始状态的选择概率。同时给出如下定义。

（1）访问内容集合：

$$C = \{C_i \mid i = 1, 2, \cdots, M\} \tag{5.27}$$

式中：C_i 为访问内容的类别；M 为用户访问内容的类别总数。

（2）访问兴趣集合：

$$I = \{I_i \mid i = 1, 2, \cdots, N\} \tag{5.28}$$

式中：I_i 为用户访问兴趣的类别；N 为用户访问兴趣的类别总数。

（3）用户访问记录：

$$V = \{V_i \mid i = 1, 2, \cdots, L\} \tag{5.29}$$

式中：$V_i = \langle v_i.\text{lab}, v_i.\text{time}, v_i.\textbf{doins} \rangle$ 为用户访问的第 i 个目标点的特征信息；$v_i.\text{lab}$ 为目标点内容类别，统计目标点中包含瓦片的类别，由类别频数最大值决定目标点内容类别；$v_i.\text{time}$ 为目标点访问时间；$v_i.\textbf{doins}$ 为用户在当前目标点中的兴趣分布。

（4）用户访问序列：

$$S = V_1, \cdots, V_i, \cdots, V_L \qquad (5.30)$$

（5）用户兴趣序列：

$$\begin{aligned}
H = &\langle v_1.\mathbf{doins}_{\text{type}}, v_1.\text{time}, v_1.\mathbf{doins}_{\text{value}}\rangle, \cdots, \\
&\langle v_i.\mathbf{doins}_{\text{type}}, v_i.\text{time}, v_i.\mathbf{doins}_{\text{value}}\rangle, \cdots, \\
&\langle v_L.\mathbf{doins}_{\text{type}}, v_L.\text{time}, v_L.\mathbf{doins}_{\text{value}}\rangle
\end{aligned} \qquad (5.31)$$

式中：$v_i.\mathbf{doins}_{\text{type}}$ 为目标点包含的兴趣类别的向量；$v_i.\text{time}$ 为目标点访问时间；$v_i.\mathbf{doins}_{\text{value}}$ 为 $v_i.\mathbf{doins}_{\text{type}}$ 对应的兴趣大小。

隐马尔可夫的优势是对序列规律进行建模，但要求序列状态是明确的。因为在计算状态之间的转移概率 A 及观测概率 B 时，需要将用户访问序列中的内容类别替换成相应的兴趣类别，但是由于兴趣的混合表达，观测序列中一个内容类别对应多个兴趣类别。传统的 HMM 不再适用，为了解决这一问题，本小节提出 UMIHMM，在训练时对用户的兴趣序列进行扩展，将每一条访问内容序列对应的多条兴趣序列都列举出来。图 5.10 对用户兴趣序列扩展的过程进行说明。

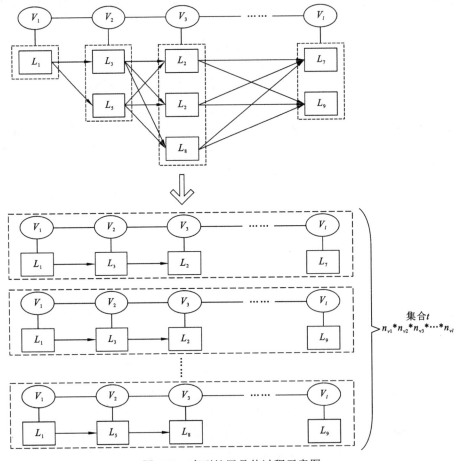

图 5.10 序列扩展具体过程示意图

引自陈文静（2021）

图 5.10 中用户访问序列 $S = V_1, \cdots, V_i, \cdots, V_l$，$n_{vi}$ 代表 V_i 对应的 $v_i.\textbf{doins}_{\text{type}}$ 的兴趣类别数，若 $v_1.\textbf{doins}_{\text{type}}$ 兴趣只有 1 类，则 $n_{v1} = 1$，若 $v_2.\textbf{doins}_{\text{type}}$ 的兴趣有 2 类，则 $n_{v2} = 2$，以此类推，最终这条访问序列所对应的用户兴趣序列会扩展成为 $n_{v1} * n_{v2} * \cdots * n_{vl}$ 条。

用户的兴趣序列经过兴趣类别扩展后得到多个访问内容序列和兴趣序列对组成的集合 t，将所有的兴趣序列经过上述操作得到访问类别序列集，记为 T。T 是构建 MIHMM 的基础，构建思想如下。

（1）将访问内容的聚类结果作为 UMIHMM 的观测状态集 $C = \{C_1, C_2, \cdots, C_M\}$，$M$ 为用户访问内容的类别总数，观测节点设为 $v, v \in C$。

（2）通过 POI 进行合并整理后的兴趣类别作为 UMIHMM 的隐藏状态集合 $I = \{I_1, I_2, \cdots, I_N\}$，观测节点 v 对应的状态节点设为 $q, q = \langle I_i, \text{doin}_v^i \rangle$。其中，$I_i$ 表示状态节点 q 的兴趣类别，doin_v^i 表示 I_i 兴趣的大小。

（3）节点 q_i 和 q_j 间的转移概率 $P(q_i \to q_j)$ 的计算如下所示：

$$P(q_i \to q_j) = \frac{\text{prob}(q_i \to q_j)}{\text{prob}(q_i)} \tag{5.32}$$

式中：$\text{prob}(q_i \to q_j) = \sum \text{doin}_v^i * \text{doin}_v^j$ 为兴趣序列集 T 中出现隐藏状态中的兴趣从 I_i 转移到 I_j 的概率；$\text{prob}(q_i) = \sum \text{doin}_v^i$ 为 T 中对应的兴趣类别是 I_i 的概率。

（4）节点 q_i 与用户观测状态集合 C 之间存在一个概率分布，其中 $P(C_1 | q_i), P(C_2 | q_i), \cdots, P(C_M | q_i)$ 为 UMIHMM 中状态节点的观测概率，计算如下所示：

$$P(C_M | q_i) = \frac{\text{prob}(q_i \& v = c_m)}{\text{prob}(q_i)} \tag{5.33}$$

式中：$\text{prob}(q_i \& v = c_m)$ 为兴趣序列集 T 中出现隐藏状态是 I_i 且观测状态是 c_m 的概率。

（5）T 中每个兴趣序列的初始状态构成了隐藏状态的初始概率分布。

根据上述描述，通过步骤（3）可以得到用户兴趣类的状态转移矩阵 A，通过步骤（4）可以得到观测状态概率矩阵 B，通过步骤（5）可以得到初始概率分布 π，至此 UMIHMM 的 3 个参数已经全部得到，模型构造完毕。

UMIHMM 的处理核心过程如图 5.11 所示。根据用户兴趣的混合特征生成多个用户兴趣序列，与用户对应的访问序列构成访问类别序列集，构建方法将在下述内容中阐述，类别序列集是计算模型参数的基础。模型构建完毕后，输入用户访问内容序列，通过 Viterbi 算法从多个用户兴趣序列中选择一条最佳且确定的兴趣序列，至此完成用户访问兴趣序列中每个序列节点由混合兴趣到明确且单一兴趣的转化。

基于以上步骤，对用户的访问历史数据建立 UMIHMM。初始状态的选择由序列的第 1 个状态决定，模型中有 11 个状态值，是通过 POI 类别合并提出来的 11 个兴趣类别，表 5.11 中展示了各状态之间的转移概率值。

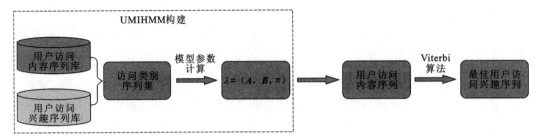

图 5.11　模型处理核心过程示意图

引自陈文静（2021）

表 5.11　状态转移概率值

项目	住宿服务	餐饮服务	地产小区	风景名胜	购物服务	交通设施	生活服务	文化教育	医疗服务	公共服务	公司企业
住宿服务	0.13	0.06	0.08	0.08	0.07	0.06	0.12	0.08	0.02	0.16	0.13
餐饮服务	0.06	0.08	0.08	0.05	0.12	0.11	0.16	0.08	0.03	0.10	0.14
地产小区	0.07	0.07	0.09	0.04	0.11	0.08	0.14	0.08	0.02	0.14	0.16
风景名胜	0.11	0.07	0.05	0.14	0.09	0.06	0.10	0.08	0.02	0.15	0.14
购物服务	0.05	0.07	0.09	0.04	0.12	0.11	0.16	0.08	0.04	0.09	0.16
交通设施	0.05	0.07	0.08	0.03	0.13	0.11	0.17	0.08	0.03	0.10	0.15
生活服务	0.05	0.07	0.08	0.04	0.13	0.10	0.16	0.08	0.03	0.10	0.16
文化教育	0.07	0.06	0.08	0.05	0.10	0.07	0.13	0.10	0.03	0.16	0.14
医疗服务	0.05	0.07	0.07	0.04	0.15	0.09	0.16	0.08	0.03	0.11	0.15
公共服务	0.09	0.05	0.07	0.06	0.07	0.06	0.10	0.09	0.02	0.23	0.15
公司企业	0.06	0.05	0.08	0.04	0.10	0.07	0.14	0.08	0.02	0.14	0.21

构建了 UMIHMM 后，将用户兴趣序列中每个序列节点由混合兴趣转化成明确且单一的用户兴趣，结果如表 5.12 所示。兴趣度分布中兴趣顺序为：住宿服务、餐饮服务、地产小区、风景名胜、购物服务、交通设施、生活服务、文化教育、医疗服务、公共服务、公司企业。

表 5.12　用户兴趣序列挖掘的结果

访问内容类别序列	兴趣度分布序列	访问兴趣序列
3，4	<0.23, 0.00, 0.04, 0.00, 0.00, 0.00, 0.24, 0.25, 0.01, 0.22, 0.00>, <0.02, 0.06, 0.19, 0.00, 0.09, 0.08, 0.27, 0.12, 0.10, 0.06, 0.01>	公共服务， 文化教育
2，0	<0.02, 0.13, 0.08, 0.00, 0.16, 0.05, 0.24, 0.06, 0.02, 0.06, 0.19>, <0.06, 0.03, 0.04, 0.02, 0.26, 0.05, 0.29, 0.03, 0.02, 0.16, 0.04>	公司企业， 公共服务
2，1，9	<0.00, 0.01, 0.07, 0.00, 0.07, 0.00, 0.07, 0.07, 0.00, 0.01, 0.70>, <0.50, 0.00, 0.00, 0.00, 0.00, 0.00, 0.50, 0.00, 0.00, 0.00, 0.00> <0.00, 0.00, 0.38, 0.00, 0.00, 0.00, 0.00, 0.62, 0.00, 0.00, 0.00>	公司企业， 住宿服务， 地产小区
…	…	…

网络地理信息服务主要用于满足用户对定位查询、购物、出行和教育等方面的需求。对用户访问目标点观测范围内的 POI 频数及兴趣序列中各类兴趣出现的占比进行统计。由图 5.12 可以发现，用户的兴趣主要集中在公共服务、公司企业和生活服务这 3 大类，购物服务和风景名胜次之，其他兴趣也均有涉及，只是比例相对较小。

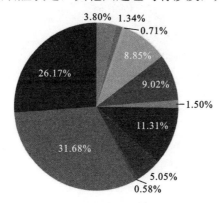

图 5.12　用户兴趣分布
因修约加和不为 100%；扫封底二维码可见彩图；引自陈文静（2021）

熵分析在信息论中是对不确定性的度量，通过熵值可以判断事件的不确定性和随机性。不确定性越小，熵值越小；反之，则熵值越大。本小节使用熵分析考察兴趣序列内部的多样性和复杂性。式（5.34）是关于兴趣序列内部的熵指数计算公式，当兴趣序列中只有一种兴趣类别时，其熵指数为 0。

$$EI = -\sum_{i=1}^{L} P_i \log_2(P_i) \qquad (5.34)$$

式中：L 为兴趣序列 j 中兴趣类别的总数；P_i 为兴趣在兴趣序列中所占的比例。计算兴趣序列的熵指数，其中最小值为 0，最大值为 2.565，平均值为 0.287，第 1 个四分位数为 0，第 3 个四分位数为 0.503。熵指数的集中性分布及均值较低说明兴趣序列内部出现的兴趣类别较少，且兴趣序列的复杂性较小、用户兴趣迁移较为稳定，能够判断哪种兴趣更可能发生。

对兴趣序列中兴趣迁移次数进行统计，图 5.13 展示了兴趣迁移次数分布，可以看出用户在一次访问过程中兴趣迁移的次数不会太多，其中只有 1 类兴趣的访问过程占40%，说明用户在使用地理信息服务时有明确的访问目标，兴趣稳定不变；涉及 2 类兴趣之间迁移的访问过程占比超过 1/4，这种兴趣迁移模式是研究的重点；随着访问过程中涉及的兴趣种类增多，该类别的访问占比也逐渐降低，说明用户兴趣序列较短、复杂度较低。以上分析说明兴趣序列内部涉及的兴趣类别较少、兴趣序列的复杂性较小、兴趣的出现比较有规律，与兴趣序列的熵指数的分析结论相吻合。

本小节将用户访问内容与用户访问兴趣相结合，在 HMM 的基础上根据用户兴趣的混合特性提出 UMIHMM，通过对用户的兴趣序列进行类别扩展，得到多个访问序列和兴趣序列对组成的访问类别序列集，解决了访问兴趣序列每个序列节点代表的兴趣由混合转变成唯一确定的问题，同时对提取出的用户兴趣序列的兴趣分布及兴趣迁移次数进行了分析。

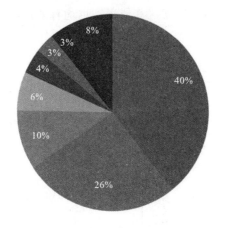

图 5.13　兴趣迁移次数分布图

扫封底二维码可见彩图；引自陈文静（2021）

5.2.3　基于 W2V-SVD 的领域用户访问兴趣挖掘

网络地理信息系统的领域用户是对用户的精细划分，不同领域的用户访问兴趣也有所不同。本小节分别构建基于 K 最近邻（K-nearest neighbors，KNN）的 POI 提取方法和基于模板的地物要素提取方法实现空间要素提取与用户访问兴趣表达，并提出词向量和奇异值分解（W2V-SVD）主题模型，构建用户访问兴趣特征，结合随机森林模型实现领域用户分类，验证领域用户访问兴趣差异显著性，基于语义空间中向量相似性挖掘领域用户访问兴趣及其组成表达，从而更加精准地对不同领域用户群体进行访问兴趣识别，填补网络地理信息服务平台的领域用户相关研究的空白（董广胜，2021）。整体流程如图 5.14 所示。

首先构建多尺度 POI 语义空间。通过类比自然语言处理中文本的组织方式，将 POI 的空间分布转化为文本的形式来构建 POI 空间语料库。类比文本中的上下文关系，POI 的空间上下文由其周围最近邻的 POI 表达。本小节中 WMSP 的用户访问空间范围遍及全国，因而构建跨越全国范围的大尺度 POI 空间语料库，忽略局部细节信息，只关注 POI 之间的局部空间共现，采取 KNN 方法构建 POI 空间语料库，见图 5.15。

每一个 POI 文档都由 $(POI_{center}, POI_{context})$ 组成。其中 POI_{center} 是指遍历的 POI 作为检索的中心坐标，以此建立半径为 R 的空间缓冲区，检索 k 个距离最近的 POI，组成 $POI_{context}$：

$$POI_{context} = \{POI_1, POI_2, \cdots, POI_k\}$$

其中 $distance(POI_{center}, POI_{o-1}) < distance(POI_{center}, POI_o), 1 < o < k$，$POI_{context}$ 依据距离由近及远排序，$distance(POI_{center}, POI_{o-1})$ 表示 POI_{center} 和 POI_{o-1} 之间的欧氏距离。由于高德

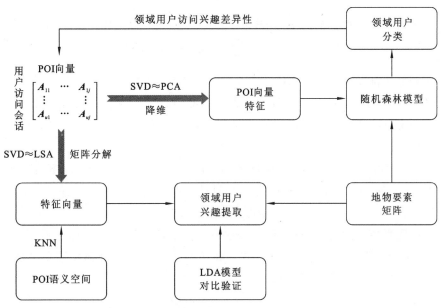

图 5.14 W2V-SVD 模型用于特征降维与兴趣提取流程图

引自董广胜（2021）

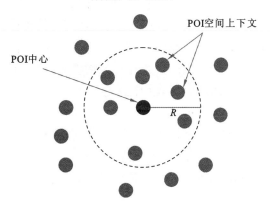

图 5.15 基于 KNN 构建 POI 上下文示意图

扫封底二维码可见彩图；引自董广胜（2021）

POI 分为大类、中类、小类，分别生成 3 种级别 $POI_{context}^{tp}$，其中 tp = 1, 2, 3。半径 R 为 1 000 m，k 为 30。以每一种级别的 POI 类别作为字典，$POI_{context}^{1}$，$POI_{context}^{2}$，$POI_{context}^{3}$ 的字典包含的元素分别是 23，267，904。

采用基于连续词袋（continuous bag of words，CBOW）模型的 Word2vec 模型提取 POI 向量。假设级别为 tp 的 POI 空间语料库的大小为 H，POI_h 的上下文的采样窗口为 c，模型的极大似然估计可以表示为

$$H\log_2\theta = \frac{1}{H}\sum_{h=1}^{H}\log\rho(POI_h \mid POI_{h-c}^{h+c}) \tag{5.35}$$

式中：POI_{h-c}^{h+c} 表示以 POI_h 为中心，以 c 为采样窗口构建的 POI 上下文，它是由中心 POI 周围的 POI 组成的集合，中心点 POI_h 不在此集合中。CBOW 模型中定义 $\rho(POI_h \mid POI_{h-c}^{h+c})$ 为

$$\rho(\text{POI}_h \mid \text{POI}_{h-c}^{h+c}) = \frac{\exp(-E(\text{POI}_h \mid \text{POI}_{h-c}^{h+c}))}{\sum_j^T \exp(-E(\text{POI}_h \mid \text{POI}_{h-c}^{h+c}))} \tag{5.36}$$

式中：E 为一个能量函数，有 $E(\text{POI}_a, \text{POI}_b) = -(\text{POI}_a, \text{POI}_b)$。式（5.36）表示上下文为 c 时，POI_h 出现的概率。由于 POI 有 3 级类别划分，因此分别针对每一种类别尺度建立一个 Word2vec 模型，用于表征该级别下的 POI 语义空间，量化表达不同 POI 固有的空间关联模式。

POI 信息空间分布不均匀，与区域的发达程度密切相关，市区较为密集，而在人员稀少的地区非常稀少，但同时 POI 信息空间粒度精细，信息密度高。总体而言，注记瓦片的 POI 信息与矢量瓦片的地物要素信息在一定程度上是互补的，需要二者结合共同描述用户的访问兴趣，因而对用户访问兴趣点周围的 POI 和地物要素分别进行提取。

对于 POI 的提取参考语料库的构建，将访问会话中所有的 POI 基于 Word2vec 模型转化为具有空间语义信息的矩阵：

$$\mathbf{POI}_q^{\text{tp}} = \begin{bmatrix} P_{11} & \cdots & P_{1j} \\ \vdots & & \vdots \\ P_{s1} & \cdots & P_{sj} \end{bmatrix} \tag{5.37}$$

式中：j 为 Word2vec 的超参数，表示每个输出 POI 向量的维度，此处设为 400。

对于地物要素提取，参考《天地图电子地图符号与注记说明（2015）》，结合实际地物颜色识别验证，建立基于颜色的矢量瓦片地物要素提取模板，见表 5.13。通过该方法提取的每个会话中瓦片的地物要素特征表示为

$$\mathbf{SF}_q = \begin{bmatrix} f_{11} & \cdots & P_{1n} \\ \vdots & f_{ce} & \vdots \\ P_{m1} & \cdots & P_{mn} \end{bmatrix}, \quad \sum_{e=1}^{n} f_c(e) \leqslant 1 \tag{5.38}$$

式中：$\mathbf{SF}_q$ 为一个会话中的 m 个瓦片对应的 n 维地物要素向量构成的矩阵；$f_{ce} = \dfrac{\text{pixel}}{256 \times 256}$，pixel 为该瓦片中某一种地物要素类型的像素数目，一个瓦片的像素总数是 256×256，f_{ce} 表示某一种地物要素像素数目的占比，由于瓦片中颜色可能存在误差，存在少部分像素不在设定的捕捉范围，所以 $\sum_{e=1}^{n} f_c(e) \leqslant 1$。

表 5.13　基于颜色的矢量瓦片地物要素提取模板

地物要素大类	地物要素小类	显示级别	符号颜色		
			$R \pm 2$	$G \pm 2$	$B \pm 2$
道路	高速公路	11～18	186	160	241
	国道	11～14	254	205	120
		15～18	254	205	110

地物要素大类	地物要素小类	显示级别	符号颜色		
			$R \pm 2$	$G \pm 2$	$B \pm 2$
道路	省道	11~14	254	240	158
		15	254	240	130
		16~18	254	235	130
	县道	9~14	255	244	175
		15	255	244	140
		16~18	254	240	145
	其他等级道路	12	223	223	215
		13~18	253	254	255
水		1~18	171	198	239
绿地		11~18	187	215	141
陆地		1~18	245	244	238
居住地	功能区（大学、购物中心、医院、工业区、停车场等）	14~18	236	238	203
	建筑物	16	249	250	243
		17~18	249	250	254

基于以上步骤，得到基于会话的访问兴趣点对应的 POI 集合，以及访问兴趣点对应的矢量瓦片提取的地物要素向量。由于每个会话中访问兴趣点的数量不同，POI 集合和瓦片数量同样差距较大。为了将 POI 和瓦片集合转化为固定尺寸的矩阵，便于后续的模型计算，对同一访问会话中的 POI 向量求平均，得到访问会话的平均 POI 向量表示：

$$\mathbf{POI\_avg}_q^{tp} = \frac{1}{S}\left[\sum_{d=1}^{S} P_1(d), \sum_{d=1}^{S} P_2(d), \cdots, \sum_{d=1}^{S} P_j(d)\right] \tag{5.39}$$

基于瓦片提取的地物要素特征同样可以通过计算每一种地物要素维度上的平均值获得访问会话的地物要素向量表示：

$$\mathbf{SF\_avg}_q = \frac{1}{S}\left[\sum_{d=1}^{S} f_1(d), \sum_{d=1}^{S} f_2(d), \cdots, \sum_{d=1}^{S} f_n(d)\right] \tag{5.40}$$

进而基于所有会话构建用户访问会话的平均 POI 矩阵：

$$A = \begin{bmatrix} \mathbf{POI\_avg}_1^{tp} \\ \mathbf{POI\_avg}_2^{tp} \\ \vdots \\ \mathbf{POI\_avg}_q^{tp} \\ \vdots \\ \mathbf{POI\_avg}_u^{tp} \end{bmatrix} \tag{5.41}$$

平均地物要素矩阵：

$$B = \begin{bmatrix} \mathbf{SF\_avg_1} \\ \mathbf{SF\_avg_2} \\ \vdots \\ \mathbf{SF\_avg_q} \\ \vdots \\ \mathbf{SF\_avg_u} \end{bmatrix} \tag{5.42}$$

式中：$1 < q < u$，u 为数据集中会话总数。

接下来基于 W2V-SVD 模型实现领域用户分类。由于 A 矩阵的由用户访问会话和 POI 向量组成，而 POI 向量的维度由 Word2vec 模型决定，通常维度较高，因而引入奇异值分解（singular value decomposition，SVD）模型在 POI 向量维度实现降维，A 矩阵以如下形式表达：

$$A = \begin{bmatrix} A_{11} & \cdots & A_{1j} \\ \vdots & & \vdots \\ A_{u1} & \cdots & A_{uj} \end{bmatrix} \tag{5.43}$$

对于非零的实矩阵 A，$A \in R^{u \times j}$，SVD 将 A 分解为 3 个实矩阵相乘形式：

$$A \approx U_t \sum_t V_t^{\mathrm{T}} = \hat{A} \tag{5.44}$$

SVD 通过矩阵分解将高维矩阵转化为低维表征，这个过程实际上等效于主成分分析。其中 t 为 PCA 中主成分的个数，V_t^{T} 表示保留的主成分，本实验中，$t = 30$。将降维后的 V_t^{T} 与矩阵 B 合并作为自变量构建随机森林模型，实现领域用户分类。

此外，由于任意两个 POI 向量之间的距离越小表示它们共同出现的概率越高，因此对由 Word2vec 模型生成的 A 矩阵的用户会话维度同样基于 SVD 模型进行矩阵分解。SVD 分解具有物理意义，U_t 表示用户-兴趣矩阵，V_t^{T} 表示兴趣 POI 矩阵，t 表示兴趣数，在矩阵分解的过程中，实现访问兴趣聚类。为了找到 V_t^{T} 在 Word2vec 模型构建的 POI 语义空间中的语义位置，通过已有的 POI 近似表达它，基于向量的余弦相似度计算 V_t^{T} 中每个兴趣 v 与所有 POI 类别 P 的距离 $D(v,P)$，其中 $D(v,P) \in [-1,1]$，$|D(v,P)|$ 越大，则 P 与兴趣 v 越相似，选取最近邻的 k 个最相似的 POI 作为访问兴趣描述，如下所示：

$$\text{Topic}(v) = \{P_1, P_2, \cdots, P_k\}, \quad D(v, P_1) > D(v, P_2) > \cdots > D(v, P_k) \tag{5.45}$$

采用了天地图中 4 种领域用户的访问数据集进行实验，包括 Flight、River、Marine 及 Forest，分别代表航空、河流、海洋、森林 4 种用户分类领域，Flight 领域指用户访问地图要素的偏好主要为机场、飞机航班相关地物；River 领域指用户访问地图要素的偏好主要为内陆的河流、湖泊；Marine 领域指用户访问地图要素的偏好主要为海洋船舶、渔业、海岸；Forest 领域指用户访问地图要素的偏好主要为森林、河流、景区。针对不同的领域用户分别对比不同模型，包括经典的 TF-IDF 模型，潜在狄利克雷分布（latent Dirichlet allocation，LDA）模型，Word2vec 模型和本小节的 W2V-SVD 模型，进行细粒度比较分析，并使用 precision，recall，f1 三个指标进行精度验证。precision 表示准确率，即所有预测为兴趣点的样本中真实兴趣点样本的比例，recall 表示召回率，即所有真实的访问兴趣点中被正确预测的样本比例，f1 值即为准确率和召回率的调和平均值。

图 5.16 展示基于 POI 和 POI 地物要素融合在三级 POI 尺度下的 4 种领域中用户会话识别的准确率、召回率、f1 值[图 5.16（a）～（f）]，基于地物要素的领域用户

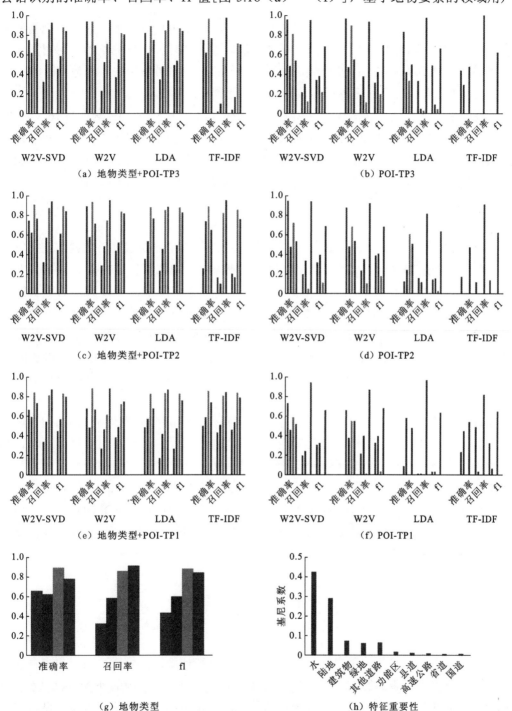

（a）地物类型+POI-TP3

（b）POI-TP3

（c）地物类型+POI-TP2

（d）POI-TP2

（e）地物类型+POI-TP1

（f）POI-TP1

（g）地物类型

（h）特征重要性

■ 航空 ■ 河流 ■ 海洋 ■ 森林

图 5.16　4 种领域中用户分类精确度

扫封底二维码可见彩图；引自董广胜（2021）

会话识别准确率、召回率、f1 值 [图 5.16 (g)]，以及随机森林模型分类中的地物要素重要度 [图 5.16 (h)]。

从领域角度来看，不同领域的精度差异较大。对比 POI [图 5.16 (b)]，地物要素 [图 5.16 (g)] 及融合模型 [图 5.16 (a)]，海洋领域和森林领域的准确率、召回率、f1 都较高，达到 0.8 左右；航空领域的准确率较高，达到 0.8 左右，但是召回率和 f1 值只有 0.4 左右；河流的三种指标较为均衡，达到 0.6 左右。

模型精度低表现在其多领域分类精度不均衡。对比图 5.16 (a) 与图 5.16 (b) 发现，TF-IDF 模型在多领域分类中的精度非常不均衡，是模型中最低的。随着 POI 级别增加，对比图 5.16 (f)、(d)、(b)，TF-IDF 模型和 LDA 模型的多领域分类精度变化较大，森林领域表现最为稳定，说明模型没有捕捉到 POI 与不同领域之间的关联关系，而基于 W2V 模型表现较为稳定。以上现象验证了前文所提 POI 的时空分布不均导致不同领域中的分类效果差异。

不同领域对不同要素具有偏好。航空领域对 POI 的精度是较高的，说明航空领域用户对特定类型的 POI 存在偏好，使得该特征成为 4 个领域中独有的特征。图 5.16 (h) 展示了对地物要素模型的基尼系数，用于表征每种地物要素在多分类中的重要性，水体和陆地是最重要的两种地物要素，对应的领域分别是海洋领域和森林领域，分类准确性最高，其次是建筑，绿地和道路等同样是较为重要的特征。通过对各模型在多领域用户分类中的精度分析发现，W2V-SVD 模型能够实现较高精度，说明同一领域中的群体用户具有相似的访问兴趣偏好，不同领域中的群体用户访问兴趣存在显著差异。

WMSP 中同一领域群体用户具有相似访问兴趣，不同领域群体用户的访问兴趣存在差异。本小节构建了基于会话尺度用户访问兴趣的表达，通过 KNN 提取 POI，基于地物要素颜色模板提取地物要素。利用海量 POI 分布基于空间邻近性构建多尺度 POI 语义空间，将领域用户中每个用户的访问兴趣映射到语义空间实现领域用户访问兴趣信息增益。进而提出 W2V-SVD 模型，针对用户访问会话与 POI 向量矩阵，分别实现多领域用户的精确分类。该研究有助于 WMSP 服务商了解不同领域用户的需求，支撑个性化智能化的 WMSP 服务。

5.3 本 章 小 结

网络地理信息服务的用户行为存在一定的时空统计规律及模式，而用户本身的行为往往受到多种因素的影响。本章从网络地理信息系统用户行为的外在影响因素、内在驱动机制两方面探究影响用户行为规律的原因。由于用户访问热点集聚在城市中，因此本章首先基于城市内部结构、城市间关系网络、城市经济尺度分析多种外部因素对网络地理信息服务用户行为时空特征的影响，并得出用户的访问地与所在地间距离越近、访问地区经济越发达，用户访问概率越高的结论。此外，用户的访问行为也受用户自身兴趣所驱动，因此通过基于向量空间的用户地理信息兴趣模型、用户混合兴趣的隐马尔可夫模型定义了群体访问兴趣分布及转移序列，探究用户兴趣分布与转移导致的行为变化，然后通过词向量和奇异值分解法实现基于兴趣的领域用户分类，表明不同领域用户的时空行为存在显著差异。基于以上探究，本章归纳得出：用户行为的访问规律不仅受空间尺度、城市经济发展水平、时空模式等多方面的外在因素影响，同时也受用户自身兴趣驱动，不同领域的用户群体因兴趣不同在行为规律上呈现明显的差异性。本章通过对用户行为驱动机制影响的探究，有助于从本质上挖掘网络地理信息服务用户行为规律，从而为智能服务策略的生成提供理论支持。

第 6 章

面向用户行为的数据缓存策略

随着网络地理信息系统的迅猛发展，用户对网络地理信息服务的需求不断增长，而有效的数据缓存策略成为提升网络地理信息服务性能和服务效率的关键因素之一。用户在网络地理系统中的查询、点击、放大缩小等不同访问方式，构成了独特的用户行为模式。深入分析用户访问模式能够揭示用户对地理信息的偏好、频率和关注点，为制定针对性的数据缓存策略提供关键信息。数据缓存策略是提升服务性能和效率的重要组成部分，分布式数据缓存、分布式副本、分布式缓存置换是典型方法，可提高地理数据访问的并发性和响应速度，有效保障网络地理信息系统的高效性和实时性。

本章介绍网络地理信息系统中面向用户行为的数据缓存策略。首先介绍分布式高速缓存策略，揭示访问模式研究是构建有效数据缓存机制的关键。其次，介绍最佳负载均衡的分布式副本策略，说明副本的生成与部署直接影响空间云计算中网络地理信息服务性能与负载均衡效率。最后，阐述分布式高速缓存置换算法，重点介绍瓦片序列置换方法，阐明瓦片序列置换方法对分布式缓存系统的重要性。

6.1　分布式高速缓存策略

网络地理信息系统是典型的复杂应用系统，其特点是数据密集型、计算密集型和服务密集型的（Yang et al.，2011）。地理空间数据的日益扩展给地理信息共享服务系统带来了严重问题，包括网络流量的急剧增加、网络拥塞和服务器过载问题（Li et al.，2011）。

分布式高速缓存策略可以提高云环境中数据密集型服务的并行服务效率，实现实时数据传输，提高用户服务质量。分布式高速缓存策略的设计原理基于地理空间数据的访问模式。地理空间数据的访问模式遵循 Zipf 定律，反映群体用户访问地理空间数据的行为，具有时间局部性，可用于建立有效的分布式高速缓存副本机制（Fisher，2007b）。除了时间局部性，地理空间数据访问特征还具有空间局部性（Talagala et al.，2000）。用户请求中心数据项时，可能会访问周围数据的最近邻居（Park et al.，2001a，2001b）。因此，地理空间数据缓存的副本和置换策略应该分析用户请求前后的空间和时间相关性，然后提高缓存命中率和有限缓存空间的利用率，以在基于云的分布式网络中实现最佳或次优网络性能系统。

6.1.1　地理空间数据访问模式

对访问模式的研究是构建有效数据缓存机制的关键。瓦片的金字塔模型为基于云环境中地理空间数据提供了良好的管理和缓存方法（Li et al.，2013）。因此，瓦片可作为分布式高速缓存副本策略的访问单元。

1. 瓦片访问的 Zipf-like 分布

瓦片访问呈现重尾特征，20%的瓦片吸引了 80%的请求，并且瓦片访问具有地方特征。通过分析网络地理信息系统流量，发现瓦片访问模式遵循 Zipf-like 规律。对于给定的资源排列和访问模式，访问频率按照 Zipf 分布排列，访问频率及其排名往往是简单反比关系。Zipf 定律指出，过去经常访问的瓦片在不久的将来很有可能再次被请求。换句话说，瓦片访问具有"时间局部性"的属性。此外，热点数据会随着时间局部发生变化，具有短期流行特征，遵循动态规律。

2. 瓦片访问的空间局部性

瓦片访问具有空间局部性和位置连续性的特点。相邻的瓦片总是倾向于具有相邻的访问时间。瓦片访问会汇聚到一个特定的区域，这意味着如果一个瓦片被访问，相邻的瓦片（包括它自己）也有更高的概率被访问（Fisher，2007b；Shi et al.，2005）。

6.1.2 分布式高速缓存策略的实现方法

基于地理空间数据访问特性的副本策略用于瓦片请求的副本生成、置换和任务分配，目标是改善基于云的网络地理信息系统网络服务的负载均衡并减少访问响应时间，从而提高访问并发性和可靠性。这里介绍本课题组关于分布式高速缓存策略的实现方法。该方法考虑了瓦片的访问特性，减少访问响应时间（Li et al.，2017b）。

1. 分布式高速缓存副本协作模型

考虑一组分布式高速缓存服务器 $S = \{S_i | 1 \leqslant i \leqslant L\}$，瓦片请求到达率服从均值为 λ 的泊松分布，请求到达间隔服从均值为 $\frac{1}{\lambda}$ 的负指数分布，请求处理时间服从均值为 $\frac{1}{\mu}$ 的负指数分布。根据负载调度和瓦片置换策略，负载均衡器以转发概率 p_i 向服务器 S_i 分配并发送请求。一个请求从提交到完成的过程中的副本协作模型如图 6.1 所示。分布式高速缓存系统（distributed high-speed caching system，DHCS）中的副本协作模型遵循排队论，瓦片访问请求遵循 M/M/S/∞ 排队模型。模型中的所有流程服务都是分布式的，以便在云环境中获得更好的可用性和可扩展性。

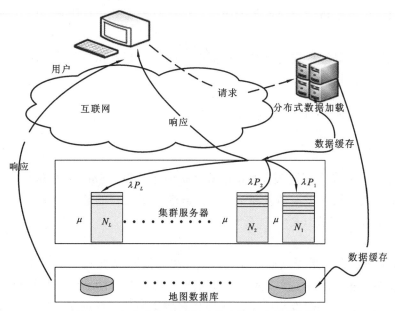

图 6.1 分布式高速缓存系统中的副本协作模型

分布式高速缓存系统中的副本协作模型流程如下。

步骤 1：选择热点瓦片并根据分布式缓存系统中的副本生成策略为其生成副本。

步骤 2：根据副本置换策略，将热点瓦片的副本插入各缓存服务器中，并在负载均衡器中构建瓦片缓存索引表。瓦片缓存索引表包括缓存瓦片及其副本的属性，以及放置它们的服务器 ID。

步骤 3：负载均衡器接收来自用户的瓦片请求并从缓存索引表中寻找瓦片信息。

如果请求的瓦片已经缓存在分布式高速缓存系统中，则表示集群缓存命中。负载均衡器将请求发送到缓存其中一个瓦片副本的服务器（转到步骤4）。如果请求的瓦片没有缓存在分布式高速缓存系统中，则表示缓存未命中（转到步骤5）。

步骤4：服务器处理请求。在缓存中寻找请求的瓦片，并通过消息队列将瓦片数据发送到用户的浏览器。

步骤5：地图数据库服务器寻找请求的瓦片，并通过消息队列将瓦片数据发送到用户的浏览器。此过程将花费比缓存服务更多的时间。

步骤6：对于缓存未命中状态的请求，如果当前缓存的瓦片数量超过替换阈值，则分布式高速缓存系统执行缓存置换算法。该算法用具有较高缓存值的瓦片置换具有较低缓存值的副本。

从协作模型过程确定分布式高速缓存系统中副本生成和置换的5个关键问题。

（1）瓦片选择：在有限的缓存能力下，如何从地理空间大数据中选择流行度较高的瓦片来获得较高的缓存命中率？

（2）瓦片副本生成策略：选中的瓦片如何按照给定的比例生成副本？

（3）副本置换策略：瓦片及其副本如何放置到分布式高速缓存服务器上，以平衡热点瓦片的访问负载？

（4）负载调度策略：考虑瓦片的访问特性，以提高分布式服务的响应速度和并发访问请求数目。

（5）瓦片置换算法：通过减少缓存置换的频率、删除和复制操作的次数，以提高分布式系统的稳定性。

2. 用于缓存副本生成的 Q 值方案

1）用于缓存瓦片选择

Zipf 定律为分布式高速缓存系统的设计提供了依据。Shi 等（2005）表明，分布参数 α 的值越大，聚合概率值就越大。这意味着对最流行的数据对象有更多的请求。基于 Zipf 定律提出了式（6.1）：

$$k = N \cdot h^{1/1-\alpha} \tag{6.1}$$

式中：k 为应该缓存的最受欢迎的瓦片数量（临界值）；h 为稳态缓存命中率；N 为瓦片总数；α 为 Zipf 分布参数。式（6.1）揭示了缓存瓦片的命中率与缓存大小之间的近似关系。因此，给定缓存命中率，选择具有较高流行度的前 k 个瓦片并将其缓存在分布式高速缓存系统中。这不仅在有限的缓存中产生了更高的命中率，而且还产生了更好的服务性能。

2）副本生成

（1）席位公平分配方案。席位公平分配方案起源于美国国会的比例分配选举方案。该方案现在广泛用于人力资源或权利的分配（Jaynes，1957）。该方案可以抽象为：为

Y 部分分配 X 个座位,其中每个部分的人数为 $\{N_1, N_2, \cdots, N_y\}$,给出了一个相对公平的分配方案。席位公平分配的出发点是建立衡量方案是否公平的标准。该测度应满足单调性,同时保证结果不偏离,保持分配的公平性和接近分配部分(Still,1979)。

(2)具有 Q 值方案的副本生成策略。Q 值方案于 1982 年提出,易于实施,并且克服了其他席位分配方案中的一些矛盾。该方案将 Q 值[式(6.2)]定义为公平度量。Q 值最高的部分应该有更多的座位。第 i 部分的人数为 N_i,第 i 部分的座位数为 x_i,第 i 部分的 Q 值为 Q_i。

$$Q_i = N_i^2 / (x_i \cdot (x_i + 1)) \tag{6.2}$$

一个分布式高速缓存系统,如果每台服务器的缓存容量为 C,分布式服务器的数量为 L,则分布式系统的总缓存容量为 $C \cdot L$。有 k 个瓦片参与缓存分配策略,使这 k 个瓦片的访问概率按降序排列,形成一个瓦片集 $T = \{T_i \mid 1 \leqslant i \leqslant k\}$。$p_i$ 为 T_i 的访问概率,r_i 为 T_i 分配的副本数,$\mathrm{Cs}(T_i)$ 为瓦片的大小。因此,可以在约束条件 $\sum_{i=1}^{k} r_i \mathrm{Cs}(T_i) \leqslant C \cdot L$ 下计算得一组公平整数值 $(r_1, r_2, \cdots, r_k)$。

完美的公平分配方案基于瓦片访问概率的比率,即瓦片 T_i 的副本数为 r_i。式(6.3)和式(6.4)也给出的 r_i 值的计算方法,式(6.4)通常是非整数,简单的舍入或截断方法可能是不公平的。因此,本小节提出在缓存分配中使用经典的 Q 值方案来保证资源的公平合理分配。

$$r_i = (p_i / P \cdot C \cdot L) / \mathrm{Cs}(T_i) \tag{6.3}$$

$$p = \sum_{i=1}^{k} p_i \tag{6.4}$$

Q 值方案以席位作为分布式高速缓存系统中的缓存空间。根据网络地理信息系统分布式服务的特点和瓦片访问模式,Q 值缓存副本分配有 4 种规则。

规则 1:瓦片访问特性遵循 Zipf-like 定律。

规则 2:热点瓦片可以生成多个副本。越受欢迎的瓦片,副本越多。

规则 3:每个瓦片在每个缓存服务器上只有一个副本。即每个瓦片的副本数量不能超过基于集群的缓存服务器数量。

规则 4:所有副本的总缓存空间不能超过分布式缓存系统的总缓存空间。

根据规则 1 和规则 2,标准 Q 值度量可以写为

$$Q_i = p_i^2 / r_i(r_i + 1), \quad i = 1, 2, \cdots, k \tag{6.5}$$

式中:r_i 为瓦片 T_i 的当前副本数;p_i 为瓦片 T_i 的访问概率。将下一个剩余缓存分配给具有最高 Q 值的瓦片。Q 值缓存副本生成过程如下。

步骤 1:为每个瓦片生成一个副本。则副本数为 k,剩余缓存空间为

$$C_r = C \cdot L - \sum_{i=1}^{k} \mathrm{Cs}(T_i) \tag{6.6}$$

步骤 2:计算 $\{Q_1, Q_2, \cdots, Q_k\}$,在 $\{Q_1, Q_2, \cdots, Q_k\}$ 中找到最大值 $Q_{\max}$,得到对应的瓦片

T_j，然后添加瓦片 T_j 的副本。剩余的缓存空间减少了瓦片 T_j 的大小，即 $C_r = C_r - \mathrm{Cs}(T_j)$ 根据规则 4，重复该步骤，直到剩余缓存 C_r 为空或小于瓦片大小。

步骤 3：删除冗余副本。如果瓦片 T_i 的副本数为 r_i，则存在副本集 $r = \{r_i \mid 1 \leqslant i \leqslant k\}$。根据规则 3，如果瓦片 T_i 的 r_i 超过服务器数量 L，则将 r_i 设置为 L 以确保一个瓦片在每个服务器中只有一个副本。概率高的瓦片会比步骤 2 中的 L 有更多的置换资源。因此，删除置换缓存空间，不再分配。

3）目标函数

根据规则 3 和规则 4，分布式高速缓存系统的约束条件为 $r_i \, (i = 1, 2, \cdots, k) \leqslant L$ 和 $\sum\limits_{i=1}^{k} r_i \mathrm{Cs}(T_i) \leqslant C \cdot L$。因此，分布式缓存系统的剩余缓存空间由下式给出：

$$S_y = C \cdot L - \sum_{i=1}^{k} r_i \mathrm{Cs}(T_i) \tag{6.7}$$

式中：S_y 为缓存副本方案的目标函数。S_y 值越大，缓存越多，方案越好。

3. 用于负载均衡的多副本置换策略

用于负载均衡的多副本置换策略的主要目标是根据每个缓存服务器的当前处理能力和每个缓存瓦片的流行度放置副本来平衡每个缓存服务器的利用率。如果瓦片 T_i 的第 j 个副本在服务器 S_l 上，则 $(T_i^j) = l$。然后，负载均衡器通过转发式（6.8）和式（6.9）给出的概率空间将请求转发到服务器 S_i：

$$p_i^l = p_i / r_i \tag{6.8}$$

$$p_l = \sum_{O(T_i^j)} p_i' \tag{6.9}$$

式中：p_l 为服务器 S_l 的转发概率空间。

λ_l 用于支持服务器 S_l 的瓦片访问请求到达率。由于分布式系统在分布式高速缓存副本协作模型的基础上是同构的，服务器处理一个请求的时间服从负指数分布，每个服务器的均值 $\frac{1}{\mu}$ 相同。根据排队论，服务器 S_l 的利用率为 $P_l = \lambda_l / \mu$，分布式系统访问瓦片的请求到达率为 λ。然而，对于分布式缓存副本 S 的协作系统，平均利用率为 $\overline{p} = \sum\limits_{l=1}^{L} P_l / L$。然后通过最小化的平均值 $|\overline{p} - p_l|$，确保每个服务器的公平利用率。因此，负载均衡的多副本置换策略如下。T_w 表示最新缓存的瓦片，初始值为 1。T_r 表示 T_w 的最新缓存副本，初始值也为 1。函数 $\mathrm{Load}_{\min}(S) = S_l$ 表示在服务器 S 中具有当前最小负载的服务器，根据当前最小利用率 $\min(p_l)$。设 $\mathrm{Cs}(S_l)$ 为 S_l 的剩余缓存大小，TS_i 为缓存副本的缓存服务器集。将 $p_l (l = 1, 2, \cdots, l)$ 设为初始值 0。

步骤 1：将瓦片 T_w 的第 T_r 个副本放入分布式缓存中；也就是说，置换副本 $T_{T_w}^{T_r}$。

步骤 2：计算 $\text{Load}_{\min}(S)=S_l$ 确保服务器 S_l 有足够的空间来缓存副本 $T_{T_w}^{T_r}$，并且服务器 S_l 只有一个副本 T_{T_w}。如果 $\text{Cs}(S_l) < \text{Cs}(T_{T_w})$ 或 $O(T_{T_w}^{j})=l$，重复此步骤直到瓦片副本 $\underset{1 \leqslant j < r_{T_w}}{}$ $T_{T_w}^{T_r}$ 被放置。

步骤 3：将 S_l 放入缓存服务器集合 TS_{T_w} 中，并将 T_r 加 1 以便为下一次副本置换做准备。

步骤 4：根据瓦片的大小及其访问概率，修改服务器的剩余缓存大小和当前利用率的值。如果 $T_r = T_w$，则 T 瓦片的所有副本都已放置。将 1 添加到 T_{T_w}，并将 T_r 设置为 1，以便为下一个瓦片及其副本做好准备。

步骤 5：重复步骤 1～4，直到所有的瓦片及其副本都放置完毕或者分布式缓存的剩余缓存空间小于一个瓦片的大小。

如果一个瓦片和它的副本有不同的受欢迎程度，将在分布式系统上施加不同的负载。此外，如果一个热瓦片占用更多的访问概率空间，则会导致更多的访问负载。在这方面，多副本置换策略平衡了负载转发概率，从而平衡了分布式服务器之间的利用率，并在整个分布式服务中获得更好的性能。该策略是一种基于服务器实时处理能力的轮询方式，在任务分配上延续了简洁高效的轮询方式。

6.1.3　分布式高速缓存策略实验分析

1. 仿真设计

对分布式高速缓存系统所提出的副本策略进行仿真，并与经典的最优副本策略（optimal replica strategy，ORS）和无副本策略进行比较。仿真是在网络仿真环境中进行的。6 台分布式高速缓存服务器使用 1 000 Mbps 交换机连接，形成快速以太网。在分布式系统的入口放置一个具有足够处理能力的负载均衡器，防止转发瓶颈。100 000 个瓦片请求服从泊松分布（Krashakov et al.，2006）。现有研究表明不同研究的分布参数值在 0.60～1.03，差异很大。因此，模拟取值 α=0.6、0.75 和 0.971。

分布式高速缓存系统中的缓存大小是分布式缓存副本策略的重要效率因素。在模拟中，每个缓存服务器的缓存大小在 200 MB～2 GB。为了简化模拟，本小节使用来自全球 Landsat7 卫星影像数据集同一层的瓦片；每个瓦片为 256×256 像素，这意味着每个服务器可以缓存 1 000～10 000 个瓦片。仿真以缓存命中率、平均请求响应时间、缓存存储作为系统性能指标。

2. 仿真实验结果分析

1）缓存命中率

图 6.2 展示了具有不同缓存大小的分布式缓存系统的缓存命中率，横坐标显示了

每个服务器提供的最大缓存的大小（缓存能力）。从图 6.2 中可以看出，对于任何缓存大小，基于空间和时间局部性的分布式高速缓存（distributed high-speed caching based on spatial and temporal locality，DCST）副本策略的缓存命中率均优于 ORS。任何副本缓存策略的缓存命中率都随缓存大小的增加而增加。α 值越大，缓存命中率越高。这表明更大的 α 值给出更集中的热点请求。即只缓存少量的瓦片可以获得较高的命中率。然而，当每个服务器缓存超过 8 000 个瓦片时，命中率的变化可以忽略不计。

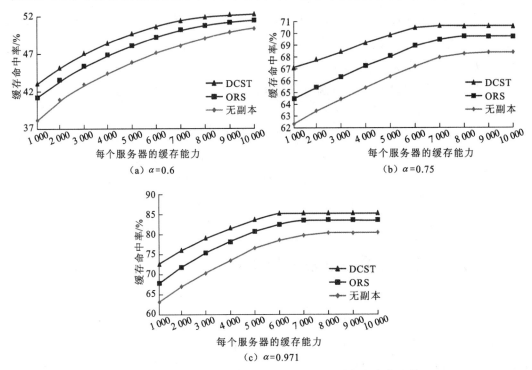

图 6.2　不同缓存大小的分布式缓存系统的缓存命中率比较

扫封底二维码可见彩图

对于较小的缓存大小，DCST 的缓存命中率比无副本策略高 10%～15%，比 ORS 高 5%。对于更大的缓存大小，DCST 的缓存命中率比无副本策略高 3%～6%，比 ORS 高 2%。α 值越大，缓存命中率的差异越大。这表明 DCST 更有效地使用了有限的缓存。

2）平均请求响应时间

图 6.3 展示了具有不同缓存大小的分布式高速缓存系统的平均请求响应时间。从图 6.3 中可以看出，较大的 α 值提供较低的平均请求响应时间，较大的缓存大小同样如此。当每个服务器缓存超过 8 000 个瓦片时，平均请求响应时间变化可以忽略不计。这表明大量请求将集中在最热门的热点上，而对不太热门的瓦片的访问请求概率将下降。当分布式系统中的请求处理平衡时，分布式缓存系统可以忽略对不太受欢迎的瓦片的请求。对于任何缓存大小，DCST 的平均请求响应时间都比 ORS 快，通常快几十毫秒。然而，可以看出这两种策略之间的差异随着缓存大小的增加而减少。无副本策

略的平均请求响应时间比 DCST 高 100 ms。这表明如果在分布式服务的服务器端使用无副本策略，分布式系统将处于劣势，网络性能较差。

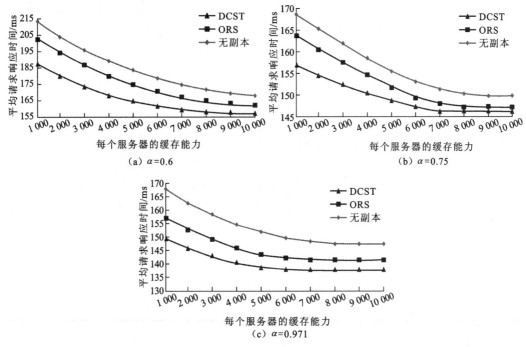

图 6.3　不同缓存大小的分布式高速缓存系统的平均请求响应时间比较

扫封底二维码可见彩图

3）吞吐量

图 6.4 展示了具有不同缓存大小的分布式高速缓存系统的吞吐量模拟。可以看出，缓存技术可以提高服务能力，缓存越高，吞吐量就越高。α 值越大，热点越集中，产生的吞吐量就越高。因此，在分布式缓存副本策略中应用网络地理信息系统用户访问规律可以提高网络服务能力。对于较小的缓存和较小的 α 值（$\alpha=0.6$），DCST 的吞吐量比无副本策略高 24%，比 ORS 高 9%。对于更大的 α 值，DCST 的吞吐量比无副本策略高 11%，比 ORS 高 5%。在更大的缓存（超过 8 000 个瓦片）和更小的 α 值下，

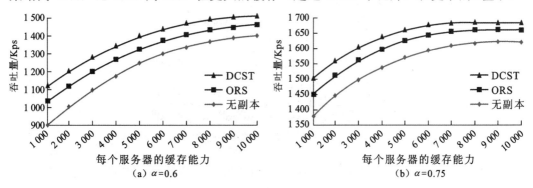

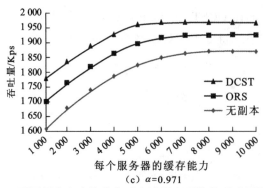

图 6.4 不同缓存大小的分布式高速缓存系统的吞吐量比较

扫封底二维码可见彩图

DCST 的吞吐量比 ORS 高 5%，在更大的 α 值下，DCST 的吞吐量比 ORS 高 2%。这些结果表明，当热点分布更广泛时，DCST 在较小的缓存大小下具有更好的分布式缓存性能。

4）缓存大小

图 6.5 显示了不同缓存大小的分布式高速缓存系统的保存缓存。计算缓存大小的函数是 $S_y = C \cdot L - \sum_{i=1}^{k} r_i \mathrm{Cs}(T_i)$，如 6.1.2 小节中所推导的，$S_y$ 为分布式高速缓存中副本策略的目标函数，S_y 值越大，缓存越多。

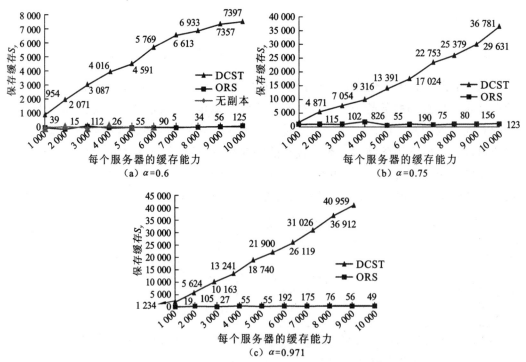

图 6.5 不同缓存大小的分布式高速缓存系统的保存缓存比较

扫封底二维码可见彩图

图 6.5 显示缓存的瓦片越多，DCST 节省的缓存就越多，而 ORS 总是资源用完缓存。为此，ORS 采用区间法来降低计算复杂度。其副本分配方式本质上是将所有分布式缓存作为一个整体，按照流行度为每个瓦片分配副本。因此，这是一种粗略的副本计算方法，降低了副本缓存分配的精度。虽然同一区间空间中每个瓦片的流行度不同，但它们具有相同的副本数。此外，间隔空间依赖分布式缓存系统中的服务器数量。然而，基于访问模式的副本策略必须基于瓦片的访问概率。间隔的数量将影响每个瓦片的访问概率之间的差异。DCST 仅根据瓦片访问概率生成副本，并根据分布式缓存服务器的数量删除副本。因此，具有更多访问请求的瓦片将有更多需要保存的缓存，因为它们基于更高的流行度，并且被分配的副本往往多于分布式服务器的数量。同时，当用户频繁访问热点瓦片及其副本时，负载均衡的多副本置换策略和基于时空局部性的负载调度策略保证了分布式缓存服务器能够更快地响应请求。因此，DCST 不会对访问效率产生负面影响，同时节省了缓存。α增加，DCST 中的副本数量减少，而在置换策略中，这个数量增加。这表明 DCST 关注访问概率较高的前 k 个瓦片，并证明了报告中的研究结果，即α值越大，访问请求越多地集中在前 k 个最流行的瓦片上（Shi et al.，2005）。

6.2　最佳负载均衡的分布式副本策略

云环境下的网络地理信息服务质量问题，即如何支持大规模、高强度的并发用户访问，以提供高可靠、高可用、可扩展的地理信息服务，成为学术界和工业界的关注热点（吴华意 等，2007）。而空间云计算服务资源的分布性、异构性、动态性，使得其网络服务环境比一般的地理信息服务环境更复杂。分布式缓存多副本策略多用于云计算中分布式数据网格（即分布式高速缓存），为大容量、大规模的地理信息共享实现并行高效的服务。其中副本的生成与部署直接影响空间云计算中的网络地理信息服务性能与负载均衡效率。

6.2.1　面向负载均衡的分布式缓存多副本网络模型

分布式高速缓存服务具有高性能、可扩展性和一致性等特征，多采用独立于应用服务且可被独立扩展的架构。本小节介绍本课题组基于排队论的异构分布式集群高速缓存网络模型，如图 6.6 所示。该模型用于描述面向负载均衡的分布式缓存多副本生成与置换策略（李锐 等，2015）。图 6.6 中，$S = (S_1, S_2, \cdots, S_N)$ 表示异构分布式集群缓存系统中的 N 个服务器。由于各个服务器在存储空间、服务器的处理能力等方面各异，用 V_i 表示服务器 S_i 的处理性能值，即每秒能处理的服务请求数；C_i 表示服务器 S_i 的缓存空间大小，即缓存瓦片个数的能力；$t = (t_1, t_2, \cdots, t_m)$ 表示 m 个不同的缓存瓦片数据对象 t；p_i 表示瓦片对象的热度值，即访问概率；b_i 表示其存储大小。

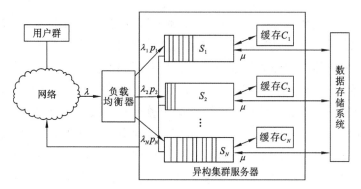

图 6.6　异构分布式集群高速缓存网络模型示意图

网络地理信息服务中瓦片访问请求到达率可描述为泊松事件，而瓦片访问请求在服务器端的处理时间具有无记忆性，可用负指数分布来描述。因此，图 6.6 网络模型中用户访问请求到达率服从均值为 λ 的泊松分布，请求到达间隔服从均值为 $\frac{1}{\lambda}$ 的负指数分布，服务器处理请求时间服从负指数分布，均值为 $\frac{1}{\mu}$。图 6.6 中负载均衡器根据副本策略和瓦片请求任务转发策略，按概率 p_i 将请求分发给服务器 S_i 处理。

1. 负载均衡优化目标

副本生成与置换策略目标是提高地理信息网络服务的质量和服务的可得性。一般而言，副本生成是加强瓦片对象的可得性，通过增强瓦片对象的副本程度（瓦片对象的副本平均个数）实现。而副本置换直接影响分布式集群缓存系统的负载均衡，若服务器负载不均衡，将导致瓦片对象的访问可得性减小。因此，分布式集群缓存系统的负载均衡是副本策略优化的主要目标之一。用 L 表示分布式缓存集群系统中服务器之间的不均衡度，r_i 表示瓦片对象 t_i 的副本个数，则副本策略的优化目标公式为

$$\text{Obj} = \alpha \sum_{i=1}^{M} r_i \Big/ M - \beta L \tag{6.10}$$

式中：α 和 β 为副本程度与服务器负载之间关系的权重值；L 为负载不均衡度，它有多种计算方式，经典的计算公式为

$$L = \max_{\forall s_i \in s} | l_i - \overline{l} | \tag{6.11}$$

式中：l_i 为服务器的当前负载程度；$\overline{l}$ 为分布式集群缓存系统的平均负载值，即

$$\overline{l} = \sum_{i=1}^{N} l_i \Big/ N \tag{6.12}$$

由式（6.10）可知，副本策略的总体目标可分解为增强副本程度和服务器负载均衡两个子目标，分别由副本生成策略和副本置换策略实现，但它们之间又存在着相辅相成的关系。副本生成策略指尽可能多地生成副本；副本置换策略指在负载均衡的前提下，尽可能地将生成的副本全部放置，最终达到式（6.10）的目标。

为实现增强副本程度目标，假设副本置换过程中使用分布式集群缓存系统中的全

部缓存空间，即最大化地使用缓存空间。同时，假设副本生成过程中也需考虑到副本置换。本小节提出通过式（6.11）和式（6.13）实现最大化使用缓存空间的同时简洁副本置换过程，以到达分布式集群缓存系统的负载均衡。其中 w_i 表示瓦片 t_i 副本的网络通信权重值，用其访问概率表示，即 $w_i = \dfrac{p_i}{r_i}$。

$$\text{Minimize max}_{\forall w_i \in w}\{w_i\} \tag{6.13}$$

$$w_i = w_j, \ \forall t_i, t_j \in t, \ 1 \leqslant i, j \leqslant M, i \neq j \tag{6.14}$$

式（6.14）表示尽量使网络访问概率高的瓦片副本的网络通信权重值最小，即使访问量大的瓦片尽量分配多副本，并使每个副本的访问负载最小化。为实现负载均衡目标和简洁副本置换过程，提出式（6.14）进一步实现式（6.13）目标。式（6.15）表示每个瓦片的副本网络通信权重值相等。在同一性能的服务器组成的分布式集群缓存系统中，通过随机置换副本即可达到最佳的负载均衡。但对于图 6.6 中的异构的分布式多副本数据缓存网络模型，副本的生成和置换策略受限于以下三个条件：①每台服务器的缓存空间大小 C_i；②每台服务器的处理能力 V_i；③同一副本不能置换在同一服务器中。

若 p_i 表示相应瓦片对象 t_i 的热度值，b_i 表示其存储大小，使 $\pi(t_i) = k$ 表示瓦片 t_i 的一个副本置换在服务器 S_k 中，则限制条件①可表示为

$$\sum_{\pi(t_i)=k, \forall t_i \in t} b_i \leqslant C_k \tag{6.15}$$

使 λ 表示访问高峰期间请求的到达率，高峰期访问持续时间为 d，则限制条件②可表示为

$$\sum_{\pi(t_i)=k, \forall t_i \in t} w_i \lambda d \leqslant V_i \tag{6.16}$$

根据限制条件③，定义每个瓦片的副本对象个数不超过服务器个数 N，如下：

$$1 \leqslant r_i \leqslant N \tag{6.17}$$

2. 理想的负载均衡策略

依据目标函数式（6.10）和限制条件式（6.15）～式（6.17），可得出如下副本生成的方法。

设分布式集群系统缓存能力之和为 $C = \sum\limits_{k=1}^{N} C_k$，缓存瓦片对象的热度值之和为 $P = \sum\limits_{i=1}^{M} p_i$，则每个缓存瓦片的网络权重均值为 $\overline{w} = \dfrac{P}{C}$。为实现负载均衡目标，瓦片对象 t_i 的副本个数 r_i 则可通过式（6.18）得出：

$$r_i = \frac{p_i}{\overline{w}}, \quad \forall t_i \in t, \ 1 \leqslant i \leqslant M \tag{6.18}$$

且基于条件③的限制 $1 \leqslant r_i \leqslant N$。

因该方法依据集群系统总缓存容量生成副本，其在理论上实现最大化的副本个

数。而副本需要在异构服务器组成的分布式集群缓存系统中进行合理置换以达到最佳的负载均衡。一般来说，负载均衡目标是根据各服务器性能分配工作负载，最大限度地利用集群的优势并提供更好的网络服务质量。在图 6.6 的网络模型中，V_i 值大，则服务器性能好。根据排队论，$\rho_i = \dfrac{\lambda_i}{V_i}$ 表示服务器 S_i 的服务强度，其值反映系统的繁忙程度。用 W_i 表示服务器 S_i 上缓存副本的总被访问率，则服务器 S_i 的请求到达率为 $\lambda_i = \lambda P_i = \lambda W_i$。从图 6.6 可见，服务器 S_i 达到平衡时的负载强度为 $\rho_i = \dfrac{\lambda W_i}{V_i}$。因此，如果分布式集群缓存系统处于负载均衡状态，则每个集群的服务器达到式（6.19）目标即可。而对于服务器 S_i，其服务性能 V_i 是固有的。因此，可以根据式（6.19）获取每个服务器处于平稳状态时的被访问概率 W_i，继而再将式（6.18）生成的副本进行置换，则可以使服务器在最好性能下工作，且分布式集群缓存系统达到负载均衡。

$$\frac{W_1}{V_1} = \frac{W_2}{V_2} = \cdots = \frac{W_N}{V_N} = \overline{l} \tag{6.19}$$

综上所述，若依据式（6.15）～式（6.17）实现副本生成，依据式（6.18）进行副本置换，则可实现根据服务器的性能与缓存空间大小关系，最大化生成副本，并进行最优副本置换。产生的副本策略可达到总体负载均衡优化目标式（6.19）。

6.2.2　异构分布式集群缓存系统中的多副本策略

在异构服务器组成的集群系统中，最佳的负载均衡需要根据服务器的性能选择需缓存的副本，在式（6.19）有所体现。将缓存服务器分为 4 类：第 1 类是高性能高缓存服务器，第 2 类是高性能低缓存服务器，第 3 类是低性能高缓存服务器，第 4 类是低性能低缓存服务器。对于第 1 类和第 4 类服务器，可以按照缓存对象的通信权重值按比例置换。而对于第 2 类和第 3 类服务器不仅要考虑其服务器处理能力，还需要最大利用率地使用缓存空间。比如，在高性能低缓存服务器中，可以置换网络权重值高的副本，提高热点瓦片的访问响应速度；而在低性能高缓存的服务器中，可以置换权重值较低的副本，在不影响整体系统性能的条件下，缓存更多的瓦片副本。w_i 体现了瓦片 t_i 副本的通信开销。因此为达到负载均衡，可根据 w_i 进行副本置换。

先将副本个数为 N 的瓦片进行置换，每台服务器置换一个该瓦片的副本。置换完所有副本个数为 N 的瓦片之后，所有服务器当前的通信权重值都相等，设为 W'；且所有服务器当前已占用的缓存为 C'。根据副本生成策略，剩下的副本权重值都相等，为 $\overline{w}$。假设根据服务器处理能力，服务器 S_i 剩余的可缓存瓦片的空间为 C_i'。当前，S_i 缓存的副本访问权重值之和为 $W_i = \overline{w}C_i' + W'$。代入式（6.19），有

$$\frac{W' + \overline{w}C_1'}{V_1} = \frac{W' + \overline{w}C_2'}{V_2} = \cdots = \frac{W' + \overline{w}C_N'}{V_N} = \overline{l} \tag{6.20}$$

假设 V_1 为性能最好且缓存容量较大的服务器，则用尽其设剩余缓存能获得最好的

资源利用率，即 $C_i' = C_1 - C'$，可计算得出 $\overline{l}$ 值，可得出式（6.21）。

$$C_i' = (\overline{l}\,\overline{V}_i - W') / \overline{w} \tag{6.21}$$

根据式（6.21）可计算出服务器 S_i 的 C_i'，并检测服务器 S_i 的 C_i' 与 $C_i - C'$ 之间的关系。

（1）若 $C_i' \leqslant C_i - C'$，则服务器属于高缓存低性能类型或高缓存高性能类型，需要置换 C_i' 个副本使其充分利用处理能力，避免服务器拥塞。

（2）若 $C_i' > C_i - C'$，则服务器属于低缓存高性能类型或低缓存低性能类型，需置换 $C_i - C'$ 个副本，充分利用其缓存。

如此一来，在异构集群负载均衡条件下，根据服务器的性能和缓存空间大小，以高性能高缓存服务器为基准，计算与其处理能力匹配的缓存能力，进行副本的置换，在避免服务器拥塞的同时充分利用其缓存，实现较高的资源利用率。

6.2.3 分布式多副本策略实验分析

仿真环境中采用 9 个异构 Intel 双核 Linux 服务器，通过千兆以太网构建分布式集群系统，系统入口处放置 1 台有足够处理能力的负载均衡器。瓦片访问请求数为 100 000 个，以泊松（Poisson）流到达。实验模拟实现本小节提出的最佳负载均衡（optimal average load，OAL）副本策略，并与经典且仍广泛使用的最优副本策略（ORS）和 AMDR（Adam's monotone divisor replication）进行比较。

分布式集群缓存容量是影响分布式集群缓存多副本策略效率的重要因素。采用同一层数据块大小为 256×256 像素的瓦片进行分布式缓存多副本仿真。每台服务器的缓存能力大小不同，缓存能力从 1 000～10 000 个瓦片不等，处理能力也不相同，但其能力值恒定。选取不同个数的瓦片进行缓存副本对比实验，考察集群缓存容量变化时的系统性能指标，包括负载不均衡度、缓存命中率和平均请求响应时间。

图 6.7 为不同集群缓存能力下，三种多副本策略在异构的分布式集群缓存系统中的负载不均衡度对比，横坐标表示分布式集群缓存系统能提供的最大缓存空间。负载不均衡度依据式（6.11）计算得出。从图 6.7 可以看出，OAL 几乎达到负载均衡，相比 AMDR，其负载不均衡度低 8%左右；相比 ORS，其负载不均衡度低 9%～10%。从多副本策略上分析，热度值较大的瓦片对象拥有 N 个副本，即每台服务器都拥有其副本；热度值较小的瓦片通信权重值相等，因此它更能实现负载均衡目标。

图 6.8 为不同集群缓存能力下，三种多副本策略在异构的分布式集群缓存系统中的缓存命中率对比。可见，无论缓存瓦片多少，OAL 的命中率都高于其他两种策略。在低缓存空间下，OAL 比 ORS 的缓存命中率高 14%左右；相比 AMDR 算法，其缓存命中率高 8%左右。说明在缓存资源有限的条件下，OAL 更能匹配访问热点的分布，使缓存资源得到有效的利用。当分布式集群缓存系统的缓存容量达到 25 000～30 000 个瓦片能力时，集群系统的缓存命中率可以达到平衡。这说明在集群服务器处理能力

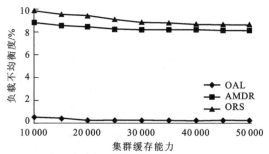

图 6.7　多副本策略在分布式集群缓存的负载不均衡度比较

一定的条件下，增加缓存容量意义不大；同时也验证了瓦片的访问具有重尾特征，即少数瓦片吸引多数访问。实验说明访问热度值大的瓦片对象可赋予较多的副本个数，而热度值小的瓦片对副本策略的性能影响不大。

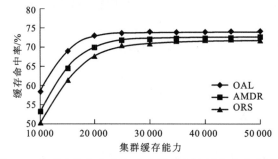

图 6.8　多副本策略在分布式集群缓存的缓存命中率比较

分布式集群系统的平均请求响应时间除了与网络带宽、系统服务能力有关，还与用户的请求并发数紧密相关，即与用户的访问密度相关。根据图 6.6 的网络模型，用户的访问密度可用单位时间内客户端的请求个数与集群系统服务器处理能力的比值标识，其比值越大，表明当前用户的访问越密集。其中，集群系统的服务器处理能力是指单位时间内服务器能处理的请求个数，其值为 $\sum_{i}^{N} V_i / \mu$。

图 6.9 为不同集群缓存能力下，三种多副本策略在异构分布式集群缓存系统中的平均请求响应时间对比。从图 6.9 可以看出，随着分布式集群系统缓存空间的增大，各个策略的请求响应时间逐渐减小，在缓存空间为 35 000 个瓦片时逐渐达到平衡。

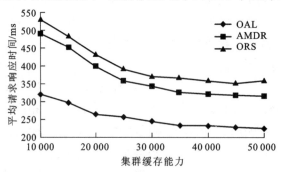

图 6.9　多副本策略在分布式集群缓存的平均请求响应时间比较

但是在任何缓存条件下，OAL 比其他两种算法的平均响应都快，且其平均响应时间下降的幅度较为平缓。在低集群缓存条件下，OAL 的请求响应时间比 AMDR 少 170～130 ms，比 ORS 少 170～210 ms。在集群缓存空间为 25 000～50 000 个瓦片时，比 AMDR 算法的响应时间少 90～100 ms，比 ORS 减少 125 ms 左右。实验结果说明，在服务器能力异构的集群系统中，具有较小负载不均衡度的副本策略能较好地提高集群服务的整体性能，增强用户的访问体验，特别是在有限的缓存条件下，比其他算法更能适应用户的密集访问。

6.3 分布式高速缓存置换算法

随着 Google Earth、Digital City（数字城市）等虚拟环境发展，基于云的网络地理信息服务影响了人们的生活方式。用户对大量的瓦片数据（空间数据）的密集请求访问给网络地理信息服务带来了沉重负担。研究表明，大量用户向 Web GIS 请求相同的数据会导致网络拥塞相关问题，例如：响应延迟、通信错误和服务过载。分布式高速缓存系统（DHCS）可以缓存频繁访问的地理空间数据，从而减少公共用户对数据资源的输入/输出请求带宽和响应延迟，获得更高的缓存命中率和更大的数据共享。因为 DHCS 可扩展性和高吞吐量，是基于云的 Web GIS 最常用的服务加速方法之一。然而，DHCS 的核心问题是使用有限容量的分布式缓存来确保最流行的数据被缓存，因为缓存的数据随着热点的变化而变化。因此，缓存置换策略有望解决这个问题。

缓存置换方法的关键在于如何体现瓦片访问模式的时空局部性和顺序性，并利用高速缓存突发模式高效读取数据，加速瓦片数据的提取（Li et al.，2012）。本节介绍本课题组关于分布式高速缓存置换算法研究成果。这种方法应该能够以低成本确保 DHCS 的稳定性，同时有效地进行置换。

瓦片访问模式特征应用于基于云的 Web GIS 的有限分布式高速缓存的缓存置换策略，以适应热点访问分布变化。利用时空局部性、瓦片访问模式的顺序特征和并发模式下的缓存读取性能，本节提出一种瓦片序列置换方法。

6.3.1 分布式高速缓存系统的自适应框架

地理空间数据本质上是分布式的，合理的分布式缓存策略可以有效利用有限的缓存。分布式高速缓存系统通过云计算实现基于云的网络地理信息服务，分布式框架通过添加新的缓存服务器节点轻松扩展和提高服务性能（Yang et al.，2005）。

为 DHCS 提出一种自适应方法，其中每个缓存服务器独立运行，根据当前的服务处理能力自动请求任务。在 DHCS 中，所有缓存服务器都是集群的。基于集群的缓存管理器（cluster-based cache administrator，CCA）存在于 DHCS 的入口点，如图 6.10
所示。

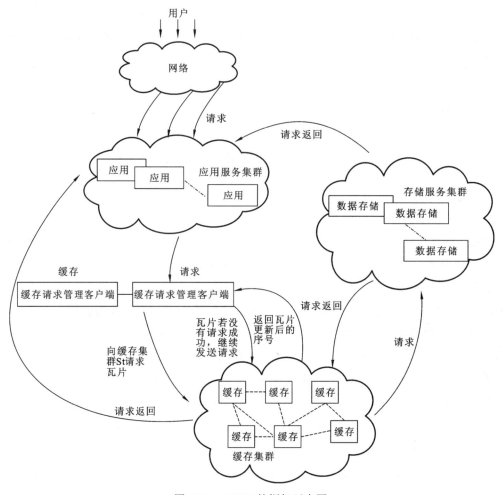

图 6.10　DHCS 的框架示意图

在此框架中，CCA 维护两个列表。一个是缓存映射列表，Cache(S, T)，其中瓦片
T 缓存在服务器 S 中。在这种情况下，瓦片使用简单的键值对分布和存储在多个基于
集群的缓存服务器中，以提高在 DHCS 中分配任务的效率。另一个是任务请求队列，
Queue(S)。当缓存服务器 S 向 CCA 请求根据自身状态和业务处理能力为其分配任务时，
Queue(S)将请求添加到其末尾。CCA 根据 Queue(S)逐一分发请求任务。这种任务分配
方式是自适应和负载均衡的。DHCS 框架中基于集群的缓存服务的任务分发流程如下。

步骤 1：应用服务器收到用户对瓦片 T 的请求，将请求转发给 CCA。

步骤 2：CCA 在缓存(S, T)中搜索瓦片 T。如果找到瓦片 T（基于集群的缓存服务），
CCA 将缓存瓦片 T 的服务器添加到临时缓存服务器列表 Cache(s)，该列表被传递至步骤
3。循环步骤 2 直到所有服务器都找到已缓存的瓦片 T 并添加到列表 Cache(s)。如果 CCA
没有找到瓦片 T（基于集群的无缓存命中），它会继续执行步骤 4。

步骤 3：对于 Cache(*s*)中的每个服务器，CCA 在 Queue(*S*)中搜索瓦片 *T*。如果瓦片 *T* 在队列(*S*)中找到一个服务器 St（一个服务器命中），它将对瓦片 *T* 的请求转发给服务器 St。请求任务就此完成。如果在队列(*S*)中没有找到服务器（服务器未成功响应瓦片 *T*），则继续执行步骤 4。

步骤 4：CCA 将请求的任务转发给队列(*S*)中的第一个缓存服务器队列头。从基于集群、基于对象的存储设备（object-based storage，OSD）请求瓦片 *T*。

步骤 5：基于集群的 OSD 系统返回瓦片 *T* 给缓存服务器队列头和应用服务器。

步骤 6：缓存服务器队列向 CCA 发送请求更新瓦片 *T* 在 Cache(*S, T*)中的缓存索引。如果当前缓存的瓦片数量超过置换阈值，则缓存服务器队列头执行缓存置换算法。

这种基于分布式集群的缓存方法是自适应和协作的。该方法基于每个缓存服务器的服务处理能力和缓存容量，尝试将具有最高访问概率的瓦片分配给具有最高服务处理能力的可用服务器，以获得对这些"热点"瓦片的最快访问响应时间。该方法是一种简单高效的任务划分和缓存置换方法。

6.3.2　LRU 堆栈结构

本模型所提出的缓存置换方法构造了面向最近最少使用瓦片缓存的堆栈，记为 LRU（least recently used）堆栈，以利用瓦片访问的时空局部性。构造 LRU 堆栈必须考虑两个关键问题：利用 LRU 堆栈来表达瓦片的时空局部性和空间关系，利用 LRU 堆栈来平衡时间成本（时间局部性）和空间缓存置换过程中瓦片序列的成本（空间局部性）。因此，所提出的方法应考虑 LRU 堆栈的功能及堆栈中瓦片序列的生成和排序方法。

1. LRU 堆栈组成

模型所提出的方法使用 LRU 堆栈来体现瓦片的时间局部性，并生成瓦片序列来体现它们的空间局部性和顺序性。它将 LRU 堆栈分为三个部分用于不同的功能。第一部分是瓦片接收池，它接收最近访问过的瓦片，过滤出访问概率最高的瓦片，并将它们添加到堆栈中。因此，它将热点瓦片存储在该池中。第二部分是瓦片序列池，它收集访问过的不受欢迎的瓦片，并将其结构化为序列。池的大小范围从 0 到 BUFFER_MAX。当序列池中的瓦片占用内存为 BUFFER_MAX 时，瓦片在池中被构造为不同长度的瓦片序列。第三部分是置换队列池，它存储和排列在不久的将来要置换的瓦片序列。因此，基于 LRU 堆栈结构，本方法可以实现瓦片的时空局部性和顺序性，生成瓦片序列，并对序列进行排序以进行置换操作。

2. 瓦片访问流行度表示

通常，LRU 堆栈反映了瓦片访问的时间局部性，它将最近的过去视为最近的未来。基于降序的 LRU，最近访问的瓦片排名高于较早访问的瓦片。LRU 堆栈也反映了瓦片的短期流行度，存储了最新的热点。堆栈顶部与堆栈中任何给定瓦片之间的距离可以表示为"最近最少访问的时间间隔"。因此，具有较低最近最少访问时间间隔的瓦片更受欢迎，并且将以高概率在短时间内被再次访问。如果一个瓦片位于堆栈的底部，这意味着它不如堆栈中的任何其他瓦片受欢迎，并且在堆栈中具有最高的最近最少访问时间间隔。因此，瓦片的受欢迎程度与其最近最少访问时间间隔成反比，如式（6.22）所示。置换具有最高最近最少访问时间间隔值的瓦片可以简化置换过程并提高其效率。

$$p \propto 1/t_{\text{accessed}} \tag{6.22}$$

式中：t_{accessed} 为邻近的空余访问时间间隔长。

6.3.3　瓦片序列置换方法

瓦片序列置换流程包括在 LRU 堆栈中维护最近访问的瓦片并识别其流行度，生成瓦片序列并对其进行排序，并在一定条件下触发置换过程。在严格的 LRU 堆栈中，当接收到对一个瓦片的新请求时，该瓦片总是被放置在 LRU 堆栈的顶部，以将其标识为最近访问的一个。如果之前访问过瓦片，则将其移至顶部。然而，因为频繁移动会产生开销，并增加序列池和置换队列中瓦片序列生成和排序的难度。本小节提出一种简单的方法来减少堆栈中的瓦片移动，使用标记来指示瓦片是否是最近热点瓦片。瓦片置换过程如图 6.11 所示。

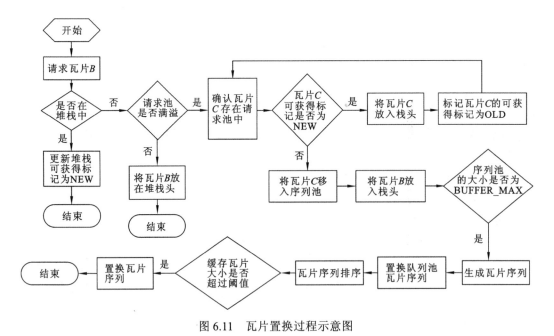

图 6.11　瓦片置换过程示意图

步骤 1：当对瓦片 B 的请求到达时，如果瓦片 B 在堆栈中，则将其访问标志标记为 NEW 以指示它是最近的热点，而不是将其移至堆栈顶部，则称为缓存命中。

步骤 2：如果瓦片 B 不在堆栈中，则称为缓存未命中。如果接收池未满，则将瓦片 B 放在顶部；否则，为瓦片 B 清空一个插槽，算法继续执行步骤 3。

步骤 3：系统检查序列池底部的瓦片 C。如果瓦片 C 的访问标志为 NEW，则将其移至堆栈顶部并将其访问标志标记为 OLD。相反，如果瓦片 C 的访问标志为 OLD，这意味着瓦片 C 具有最高的最近最少访问时间间隔值并且最近未被访问。然后瓦片 C 移至序列池，以便在接收池中为瓦片 B 创造空间。瓦片 B 放在堆栈的顶部。

步骤 4：当序列池的大小为 BUFFER_MAX 时，触发瓦片序列生成。序列池中的瓦片被构造为不同的序列，并移动到置换队列池中进行排序。

步骤 5：当缓存的瓦片数量超过置换阈值时，触发缓存置换。本方法用最近访问的瓦片置换排在置换序列池底部的瓦片。

因此，本方法有效地使用了 LRU 堆栈，同时减少了瓦片的移动。

6.3.4　瓦片序列生成及排序

瓦片排序方法需要满足简单地置换具有较低缓存值的瓦片序列，同时使置换稳定。因此，本模型在计算缓存值时同时考虑了缓存成本和近期访问流行度，并将其命名为缓存成本和最近访问流行度（caching cost and recent access popularity，CCR）的组合权重。

瓦片排序提高了缓存瓦片的读取效率。瓦片排序将时空相关的瓦片放置在相邻的缓存段中，以便使用比其他方式更少的 CPU 指令读取它们，从而能够更快地响应用户的请求。被置换的瓦片还展示了访问的时空局部性。然而，本瓦片置换方法侧重于构建显示时空局部性的瓦片序列访问，并根据它们的缓存值在置换队列中对瓦片序列进行适当排序。访问的热点随着时间的推移而变化，用户在不同时间由于不同的漫游原因进行不同的操作。因此，展示访问时空局部性的瓦片序列长度可能会有所不同。访问频率高的瓦片会导致与其相邻的瓦片也被高频率访问，访问区域会变得非常集中。该瓦片在更小的空间区域中与相邻瓦片的访问也具有更稳定的空间关系。这说明生成的具有较高访问流行度的瓦片序列比具有较低访问流行度的瓦片序列更短，并且具有更低的缓存成本。因此，本方法通过缓存具有较高访问流行度和较高访问空间局部性的较短瓦片序列，有助于有效使用有限的缓存。

瓦片序列的长度也是空间局部性的一个指标。计算序列 RT 的缓存成本 f(缓存成本, RT)，序列 RT 的缓存成本与瓦片序列 RT 的长度成反比，因为 Length(RT) 是决定瓦片序列 RT 中瓦片数量的函数，即序列 RT 的长度，如式（6.23）所示。

$$f(缓存成本, RT) = 1/Length(RT) \tag{6.23}$$

根据 Young（1994），缓存成本较高的数据应该首先被置换，它也被认为是一种最优的在线缓存置换方法（Jin et al., 2000）。具有较低缓存成本的较长瓦片序列首先从缓存中移除。同时，为了防止不太流行的、较短的序列在缓存中停留很长时间，所提出的方法使用时间加权函数 f(popularity, RT) 来表示缓存值，以衡量瓦片序列 RT 的近期访问流行度。如 6.3.2 小节所述，最近的访问流行度可用于指示块访问中的时间局部性。也就是说瓦片流行度较低且序列长度小的序列与瓦片流行度较高且序列长度大的序列相比，具有较低的最近访问流行度值，从缓存中移除的概率较高。因此，本方法可以避免流行度较低且序列长度小的瓦片保留在缓存中而造成缓存污染。为了统一表示缓存值的权重 CCR，生成的瓦片序列的最近访问流行度值由最近置换的瓦片序列的 CCR 值确定，如式（6.24）所示。然而，最近置换的瓦片序列的 CCR 值随着时间的推移而增加。

$$f(最近访问流行度, RT) = CCR(最近置换的瓦片序列) \qquad (6.24)$$

当生成瓦片序列时，会遍历序列池，将同一缓存行中的瓦片按照 6.3.3 小节中提到的置换流程排序成一个序列，形成多个长度不等的瓦片序列。对每个序列分配一个与最近访问流行度和缓存成本相关的瓦片序列的 CCR 值。当一个新的序列 RT 添加到置换队列中时，其 CCR 值设置为

$$CCR(RT) = f(最近访问流行度, RT) + f(缓存成本, RT) \qquad (6.25)$$

根据置换队列中已有的序列，新生成的序列根据它们的 CCR 值进行排序。CCR 值较低的序列移至堆栈底部，首先被置换。序列池中同时生成的瓦片序列在计算其 CCR 值时，具有相同的最近访问流行度值，但缓存成本值不同。与 LRU 一样，最近的访问流行度值标识时间局部性，而缓存成本值标识访问空间局部性。较长的序列具有较低的访问空间局部性，并且与同时生成的较短序列相比缓存成本较低。因此，较长的序列将被更早地置换。然而，最近访问的较长序列将具有较高的最近访问流行度值，并且将在较早访问的具有较低最近访问流行度值的较短序列之后被置换。考虑并平衡置换队列中序列的时间和空间局部性。如果一个序列的长度为 1（即序列中只有一个瓦片），瓦片序列长度算法和 LRU 算法对瓦片是一样的。

6.3.5 瓦片序列置换实验分析

为了评估大量用户请求的服务能力，本小节模拟在客户端发起用户对瓦片的请求，并使访问请求的到达模式服从泊松分布，到达率如图 6.12 所示。

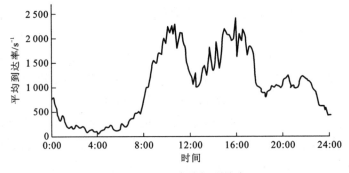

图 6.12　一天中访问到达率

本小节的模拟从两个角度评估所提出的缓存置换方法的性能：缓存利用效率和密集用户访问的服务能力。由于采用了缓存置换的方法来适当地利用有限的缓存来存储最近流行的瓦片，因此引入缓存命中率来评估缓存性能和缓存利用率。但由于缓存置换方式常用于分布式缓存环境，需要容纳大量的用户访问请求，是聚合的，而且热点会随着时间发生变化，所以我们制定了"平均请求响应时间/吞吐量/最大并发数"以在涉及大量并发访问的环境中评估所提出的方法的性能。

模型所提出的缓存置换方法是基于瓦片访问模式中的时空局部性特征，一个良好的缓存置换方法应该能适应快速变化的热点。因此，将所提出的方法（Seq-Len）与基于用户访问时间局部性（LRU）经典方法、一种面向使用频率低缓瓦片的访问空间局部性（least frequently used，LFU）方法、一种同时基于访问时间和空间局部性（temporal and spatial localities of access，TAIL）方法、一种基于访问流行度（recent usage frequency，RUF）的方法进行比较。

1. 序列池大小模拟

序列池的大小是生成瓦片序列的另一个重要因素，因为它会影响缓存置换策略的效率。在模拟中改变序列池的大小以确定合适的大小。图 6.13 显示了不同的序列池大小的平均请求响应时间。它表明最佳序列池大小是缓存相对大小（relative size of the cache，RSC）的 20%。如果序列池大小太小，该策略无法生成更长的瓦片序列，因此无法利用从缓存中读取数据的物理优势来提高系统服务器效率。如果序列池大小很大，则生成和排序瓦片序列及填充置换队列池需要更多时间，并且较短的瓦片序列会被过早置换。此外，该策略无法利用排序和连续缓存。因此，对于本实验中所有剩余的模拟，序列池大小设置为缓存相对大小的 20%。

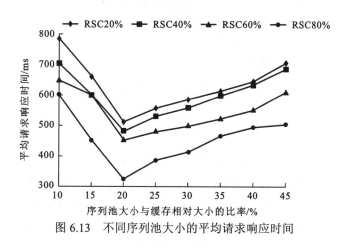

图 6.13　不同序列池大小的平均请求响应时间

2. 缓存性能评估

缓存命中率常被用来判断缓存置换是否能适应热点变化，尤其是在缓存较小的情况下。如果缓存置换方法具有较高的缓存命中率，则该方法对访问瓦片的流行度高度敏感，其根据访问流行度对瓦片进行排序的机制简单有效。这也表明缓存置换方法可以使用有限的基于集群的缓存来反映大量访问请求的访问聚合。

缓存命中率是从缓存中检索到的请求瓦片数与请求瓦片总数的比值，如式（6.26）所示：

$$缓存命中率 = \frac{缓存中检索到的请求瓦片数}{请求瓦片总数} \tag{6.26}$$

图 6.14 显示了上述 5 种方法对不同缓存大小的瓦片请求缓存命中率的比较。任何方法的缓存命中率都随着缓存相对大小的增加而增加。RUF（使用瓦片访问频率）总是记录最差的缓存命中率，而 LRU（使用瓦片访问的时间局部性）优于 LFU（使用瓦片访问的空间局部性）。TAIL 和 Seq-Len（同时使用瓦片访问的时间和空间位置）优于 RUF、LFU 和 LRU。然而，Seq-Len 的表现略好于 TAIL。这表明对 Web GIS 中的瓦片的访问是上下文相关的，尤其是对于时间和空间上下文中的瓦片。例如，只有访问频率的 RUF 不能反映这种上下文相关性，因此它在缓存命中率方面表现最差。然而，瓦片访问中的时间局部性（如在 LRU 中）比空间局部性（如在 LFU 中）更好地反映了访问流行度和上下文相关性，因为瓦片及其邻居具有相似的访问时间，并且对它们的访问是聚合的。以类似的方式，同时使用时间和空间局部性（Seq-Len 和 TAIL）可以比仅使用时间或空间局部性更大程度地提高缓存性能。

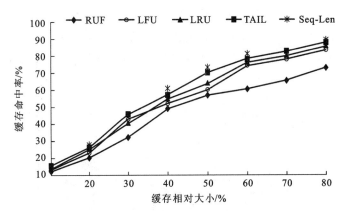

图 6.14 不同缓存大小的缓存命中率比较

实验结果表明，Seq-Len 的缓存命中率比 RUF 高 15%～40%，比 LRU 高 3%～15%，比 LFU 高 5%～24%，比 TAIL 高 1%～6%。特别地，使用小缓存（缓存相对大小<30%），Seq-Len 的性能比其他方法好 5%～50%。这意味着 Seq-Len 比 RUF 更能适应热点变化并反映访问流行度的变化，因为它具有更好的收敛性。在反映时间和空间局部性方面，Seq-Len 可以比 LFU、LRU 和 TAIL 更好地利用有限的分布式缓存。尽管 Seq-Len 和 TAIL 都考虑了瓦片访问模式中的时间和空间局部性，但它们应用了不同的策略。Seq-Len 通过利用瓦片访问模式中的时空局部性和顺序特征来创建瓦片序列，而 TAIL 使用瓦片的累积访问时间来计算瓦片访问的空间局部性。然而，Seq-Len 和 LRU 一样

简单有效。它可以降低算法复杂度和系统成本，并且可以同时更换多个瓦片以提高更换效率。

3. 密集访问的服务

1）平均请求响应时间

基于集群的缓存旨在提高并发服务能力并减少密集用户访问的响应时间。平均请求响应时间表示在大量用户请求的情况下基于分布式集群的系统的性能，是所有请求的响应时间的平均值，表示 Web GIS 的数据服务性能。

图 6.15 表明任何方法的平均请求响应时间都随缓存大小的增加而减少。RUF 记录最差的性能，LRU 具有与 LFU 相似的平均请求响应时间，Seq-Len 表现出最少的平均请求响应时间，TAIL 记录第二少的响应时间。Seq-Len 的平均请求响应时间比 TAIL 少 50~180 ms，比 LRU 少 100~230 ms，比 LFU 少 100~280 ms，比 RUF 少 150~370 ms。特别是给定一个小缓存（缓存的相对大小≤40%），Seq-Len 的平均请求响应时间比其他方法少 200~300 ms，因为在面对不断变化的热点时它不会不断改变时间。这表明 Seq-Len 比其他方法更稳定和稳健，因为它确定了瓦片序列而不是瓦片的热点变化，并在置换过程中考虑和平衡了瓦片序列的时间和空间局部性。相反，RUF 和 TAIL 则根据给定瓦片的累计访问次数来判断热点变化。

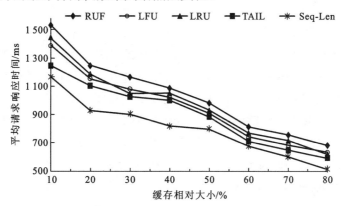

图 6.15　不同缓存大小的平均请求响应时间比较

这些结果也表明 Seq-Len 可以利用缓存在读取数据时的物理优势来加速用户的访问响应。此外，由于 Seq-Len 缓存和置换序列中空间相关的瓦片，它遵循瓦片的导航模式（一旦请求瓦片，服务器将发送以请求的瓦片为中心的瓦片序列）。因此，Seq-Len 始终为任何缓存大小提供最快的瓦片返回。

2）吞吐量

当 Web GIS 处理并发访问的强度时，更高的吞吐量表明用户将获得更好的漫游体验，尤其是在基于云的环境中。它还体现了 Web GIS 的工作负载能力和服务能力。图 6.16 表明任何方法的吞吐量都随缓存大小的增加而增加。对于所有缓存容量条件，

Seq-Len 的吞吐量分别比 RUF、LFU、LFU 和 TAIL 高 5%～10%、9%～15%、9%～14% 和 5%～12%。随着缓存相对大小的增加，Seq-Len 能够利用大部分带宽。当缓存的相对大小达到 40% 时，Seq-Len 的带宽利用率达到 80%～96%。这表明 Seq-Len 可以及时反映访问的聚合瓦片及在任何给定时间流行的瓦片，这使其在单位时间间隔内比其他方法能转换更多的数据。此外，Seq-Len 缓存块在时空上相关联，并在访问模式中表现出顺序性，这使其比其他缓存读取中使用顺序性的方法能够更快地提取数据。

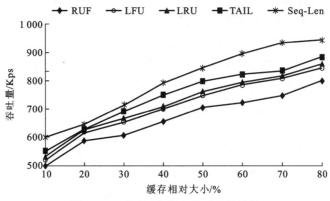

图 6.16　不同缓存大小的吞吐量比较

3）最大并发数

Web GIS 涉及处理并发访问的强度，特别是在基于云的环境中。更高的最大并发数可以支持高强度的瓦片请求。最大并发数是 Web GIS 在单位时间内能够接收的并发请求数。它表示 Web GIS 在基于集群的环境中的并发处理性能。访问高峰时间分布如图 6.12 所示，根据用户访问日志，访问到达高峰约为每秒 2 500 个请求。图 6.17 显示了在不同缓存容量条件下集群环境中单台服务器的最大并发数。任何方法的最大并发数随缓存大小的增加而增加。对于所有缓存容量条件，Seq-Len 的最大并发数分别比 RUF、LRU、LFU、TAIL 高出 40%～53%、25%～30%、10%～25%、5%～8%。特别是在给定一个小缓存时，Seq-Len 表现很好。

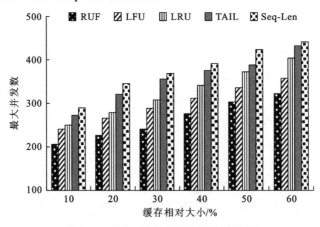

图 6.17　不同缓存大小的最大并发数

6.4 本章小结

　　深入理解网络地理系统中用户访问行为的时序性需求、访问内容的空间关联及访问频率，可为数据缓存策略提供关键参数，确保系统能够根据实际用户行为动态调整缓存数据，从而优化性能、提高响应速度。这类用户行为驱动的分布式缓存策略能够更加精准地满足用户的实际需求，提供更高效的网络地理信息智能服务。

　　本章介绍了分布式高速缓存策略、最佳负载均衡的分布式副本策略、分布式高速缓存置换算法，揭示了访问模式的研究是构建有效数据缓存机制的关键，重点分析了用户的访问模式，利用用户访问模式行为规律，设计并制定了不同的数据缓存策略以有效提高网络地理信息服务性能，提高了大规模的用户密集访问的适应性，增强了用户访问网络地理信息服务的友好度。未来工作可进一步考虑如何定量定性地分析服务器的缓存能力和处理能力在集群环境中的关系比，加入适应空间数据访问热点变化的缓存多副本置换机制，实现快速的副本置换，从而获取更好的实际应用。

第 *7* 章

面向用户行为的负载均衡及服务时间预测

　　对用户行为的深度分析和理解已经成为提升系统性能及优化用户体验至关重要的要素。负载均衡和服务时间预测策略的设计直接而深远地受用户的操作方式和访问行为所影响，塑造了系统的运行态势。用户行为的时空特征直接导向服务资源分配的负载均衡需求，而服务时间预测的有效性则在很大程度上依赖于对用户操作和访问行为的准确理解。这种关联性使系统设计者必须深入挖掘用户行为的本质，以确保负载均衡和服务时间预测策略能够精准地自适应用户需求，从而实现系统的高效运行和用户体验的优化。

　　本章介绍网络地理信息系统中异构网络地理信息服务中负载均衡策略和服务时间预测问题。首先介绍异构网络服务负载均衡策略，阐述热点数据的异构集群缓存方法是异构网络服务负载均衡的优化方法之一；接着提出基于异构集群负载调度模型，实现最小处理成本（lowest processing cost，LPC）算法，减少系统资源需求；最后提出多粒度小波分解-支持向量回归-移动平均（wavelet decomposition-support vector regression-moving average，WD-SVR-MA）服务时间预测模型，实现网络地理信息服务时长的准确预测。

7.1 异构网络服务负载均衡

网络地理信息系统（Web GIS）为日常生活中带来便利，而且越来越受欢迎；谷歌地球的访问量已经超过 1 亿次，而且这些访问量还在稳步增加。服务器性能是影响 Web GIS 服务质量的一个关键因素（吴华意 等，2007）。Web GIS 的发展与其他网络应用不同，GIS 在发展过程中积累了大量的地理信息数据。由于地理信息数据的数据结构复杂，且各行业部门之间存在差异，因此 GIS 技术一直没有一个通用的行业标准。现在许多地理信息服务广泛部署，服务于政务服务、民众民生。不同地理信息服务有不同的结构化和非结构化数据，同时有不同的数据组织方法。尽管如此，Web GIS 仍然需要为多源地理信息提供集成服务。相应地，地理信息服务一般使用基于异构集群（heterogeneous cluster-based services，HCB）实现大规模的网络服务（Yu et al.，2012；Folino et al.，2010）。负载均衡目的是将负载分散到多个服务器上，提高 Web GIS 的整体系统性能。但随着地理信息数据不断增长，基于数据内容的请求造成的负载差异越来越大。由于地理信息数据具有位置相关、多尺度、多粒度、非结构化的特点，数据请求处理十分复杂。与网络上其他类型的数据不同，处理地理数据涉及的信息量是非线性的（Wu et al.，2011）。因此，Web GIS 中基于集群的不同服务器在为不同地理数据的不同请求提供服务时，会产生不同的负载（Bohn et al.，2002）。

7.1.1 热点数据的异构集群缓存方法

热点数据的访问模式遵循 Zipf 定律，即大多数请求只针对少数数据点。本小节提供了一种基于 Zipf 定律的异构集群缓存方法来缓存局部热点数据。数据根据其访问概率分布在异构集群缓存中，以平衡热点数据访问负载。瓦片的金字塔模型为地理信息数据提供了一个很好的管理方法。因此，本小节使用瓦片作为数据访问和缓存的最小粒度。使用最低的资源管理成本进行负载均衡。

缓存命中率显示了缓存对象策略的准确性（Fisher，2007a；Talagala et al.，2000）。缓存命中率越高，瓦片平均请求响应时间就越短，Web GIS 服务就越快。Shi 等（2005）基于 Zipf 定律提出了 $k = N \cdot h^{1/1-\alpha}$，$k$ 是需要缓存的最受欢迎的瓦片的数量，即临界值，h 是稳定状态下的缓存命中率，N 是瓦片总数，α 是 Zipf 分布参数。这个公式揭示了缓存瓦片的命中率与缓存大小之间的近似关系。因此，它可以选择排名靠前的 k 个瓦片，并根据给定的缓存命中率在 HCB 缓存中分配它们。这样做的优势在于既能在有限的缓存中获得更高的命中率，又能对热点数据请求作出快速响应。

在 Web GIS 的 HCB 服务器中，每个服务器都有不同的服务处理能力（service processing capacity，SPC），即服务器在单位时间内可以处理的请求数；SPC 对每个服务器来说都是一个常数。这里提出的分布式 HCB 缓存方法的原理，即将具有较高访问概率的瓦片放在具有较高 SPC 的服务器上，过程描述如下。

考虑一组 HCB 高速缓存服务器 $S = \{S_i, 1 \leqslant i \leqslant L\}$，$L$ 是服务器的数量。SPC_i 是服务器 S_i 的 SPC，CS_i 是其缓存大小。S_{max} 是集合中当前 SPC 最高的服务器。对于排名靠前的 k 个瓦片，T_i 是第 i 个瓦片，瓦片的大小为 TS_i。瓦片和它的副本根据其等级被缓存起来。T_w 表示最新缓存的瓦片，初始值为 0。

步骤 1：确定排名靠前的 k 个瓦片的缓存副本的数量

$$M = \sum_{i=1}^{L} CS_i \bigg/ \sum_{i=1}^{K} TS_i \tag{7.1}$$

M 不能超出服务器的数量，如果 $M > L$，则 $M = L$。

步骤 2：给每块瓦片及其副本贴上标签，对于 T_i 而言，它的第 N 个副本表示为 $T_{k \cdot N + i}$，需要缓存的瓦片数量为 $M \cdot k$。每张瓦片的标签表示其等级。

步骤 3：将瓦片和它们的副本放在 HCB 缓存中。从 S 中确定 S_{max}。

根据缓冲区的大小 S_{max} 和瓦片等级，在 $T_w + 1$ 缓存中的数据放置瓦片。记录当前缓存瓦片的数量（TC），确保 $TC \leqslant k$，即每个瓦片在每个服务器中只有 1 个副本。将最新缓存的瓦片标记为 T_w，然后从 S 中删除 S_{max}。这一步骤重复进行，直到 S 被清空。

分布式 HCB 缓存方法实际上是一种基于 SPC 的轮询方法。它继承了轮回法的简单性和任务划分的效率，同时也考虑到 Web GIS 中大规模用户访问的特点。访问概率较高的瓦片会导致服务器上的访问负载较重。因此，该方法将这些瓦片及其副本尽可能分配给 SPC 较高的服务器，以获得这些热点瓦片的最快访问响应时间。

7.1.2　基于最小处理成本的负载均衡

7.1.1 小节中描述的在 HCB 缓存中分配瓦片的方法是基于本地化的访问密集型特征来实现数据访问的负载均衡。它是一种静态的负载均衡方法。然而，时间上的访问定位会导致一些缓存热点数据的服务器过载，造成 Web GIS 的整体负载不平衡。典型的动态负载均衡算法可能会破坏访问定位性。Halfin（1985）和 Zhang 等（2008）发现，对于两个同质服务器上的高系统负载，最短队列策略可以产生更好的性能（Adan et al.，1991）。本小节采用排队的方法，并基于排队论为 HCB 系统构建一个负载调度模型。这与 Zhang 等（2008）使用的方法不同，任务负载是根据整个 HCB 系统的最小处理成本分配给服务器的。把这种方法称为基于最小处理成本的负载均衡（lowest processing cost load balancing，LPCLB）。

LPCLB 的原理是考虑 HCB 系统中最小处理成本目标，负载均衡器计算每个服务器转发请求的概率，构建一个负载调度模型，请求处理时间被描述为一个有约束的非线性求解问题。其目的是解决每个服务器存储数据的最小转发概率。然后，在负载调度期间，请求根据其数据内容进行分配，以防止负载集中在有热点瓦片缓存的服务器上。为了实现负载均衡，该算法设置访问控制，以实现最小的服务响应时间和最快的处理速度。这种情况下的处理成本包括请求排队期间的系统资源成本和服务器响应的处理成本。

7.1.3 HCB 服务的负载调度模型

如果一个事件在单位时间内发生的次数是平稳的，那么这个事件可以用泊松分布来描述。瓦片访问的请求到达率可以被描述为泊松事件。一个请求的服务器端处理时间是无内存的，可以用负指数分布来描述。

对于一组 HCB 服务器 $S = \{S_i, 1 \leqslant i \leqslant L\}$，瓦片访问的请求到达率服从泊松分布，平均值为 λ。请求到达时间间隔服从负指数分布，平均值为 $1/\lambda$，服务器处理一个请求的时间服从负指数分布，其平均值为 $1/\mu$。非线性数据结构对地理数据来说是不同的，而 SPC 对 HCB 系统中的每台服务器来说也是不同的，比如瓦片请求所需的服务时间和计算资源的消耗。为了简化研究，在负载调度模型中，μ 是每个服务器的请求处理率，t_i 是服务器 S_i 收到请求时的响应时间，反映服务器的瓦片请求所需服务时间的差异。N_i 是服务器 S_i 上的瓦片请求的数量，反映服务器的瓦片请求所需计算资源的差异。负载均衡器向服务器 S_i 发送一个请求，转发概率为 p_i。如果请求到达时服务器是空闲的，那么请求就被处理，否则就进入队列。一个请求从提交到完成的过程如图 7.1 所示的模型描述。根据排队论和瓦片访问请求的特点，HCB 服务的负载调度模型使用一个 M/M/S/∞ 排队模型。服务的请求处理时间考虑了队列中的等待时间，该模型使用了一个无限长的队列。无限长的队列仍然能快速响应用户的请求，并使请求失败率最小化。该模型考虑了 HCB 环境中缓存和非缓存瓦片的服务，所有的进程服务都是分布式的，以提高可用性和可扩展性。

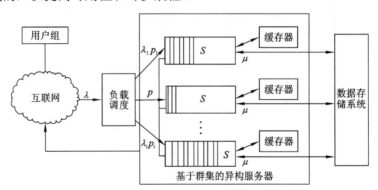

图 7.1 基于异构集群的系统的负载调度模型

7.1.4 最小处理成本算法

用户请求的响应时间包括处理时间和传输链路上的传输延迟。负载均衡器使用的分配时间非常短，一般可以忽略不计。因此，一个请求的处理时间是排队时间和处理时间的总和。为了给用户访问地理数据提供更好的体验，处理时间应尽可能少。如果传输延迟没有变化，那么可以通过最小化请求处理时间来获得更短的响应时间，而忽略传输延迟。本小节考虑将集群系统的最小处理时间作为优化目标，计算将用户请求转发到每个服务器的概率。

负载调度器将一个请求分配给服务器 S_i，转发概率为 p_i，服务器 S_i 的请求到达率遵循泊松分布，平均数为 λ_i，$\lambda_i = p_i \lambda$。

在上述负载调度模型中，请求到达时间间隔服从负指数分布，平均值为 $1/\lambda$，服务器 S_i 的瓦片请求的数量可以处理的是 N_i，服务器处理时间服从负指数分布，平均值为 $1/\mu$。

服务器 S_i 的空闲率为

$$P_0 = \left[\sum_{n=0}^{N_i-1} (\rho_i^n / n!) + \rho_i^{N_i} / ((N_i)!(1-\overline{\rho}_i)) \right] \tag{7.2}$$

式中：$\rho_i = \lambda_i / \mu$，$\overline{\rho}_i = \rho_i / N_i$，$\rho_i$ 为请求到达率与服务器处理率的比值，它表示的是服务器 S_i 繁忙的概率。因此，$\overline{\rho}_i$ 表示出现新的瓦片请求时，服务器 S_i 繁忙的概率。

$$e^z = \sum_{n=0}^{\infty} (z^n / n!), \quad \sum_{n=0}^{N_i-1} \rho_i^n / n! \approx e^{\rho_i}$$

$$P_0 = [e^{\rho_i} + \rho_i^{N_i} / ((N_i)!(1-\overline{\rho}_i))] \tag{7.3}$$

根据 M/M/S/∞ 排队模型，服务器 S_i 的平均队列长度为

$$Q = P_0 \rho_i^{N_i} \overline{\rho}_i / [(N_i)!(1-\overline{\rho}_i)^2] \tag{7.4}$$

由式（7.3）和式（7.4）可得

$$Q = \rho_i^{N_i} \overline{\rho}_i / \{(N_i)!(1-\overline{\rho}_i)^2 [e^{\rho_i} + \rho_i^{N_i} / ((N_i)!(1-\overline{\rho}_i))]\} \tag{7.5}$$

请求队列中的等待时间为

$$t_w = Q / \lambda_i \tag{7.6}$$

而在服务器上花费的时间为

$$t_s = t_w + 1/\mu = Q / \lambda_i + 1/\mu \tag{7.7}$$

t_i 是服务器 S_i 接收到请求后的响应时间。在这种情况下，它是服务器 S_i 的等待时间和处理时间之和。t_T 是整个 HCB 服务器系统的预期请求处理时间。

$$t_i = t_s = Q / \lambda_i + 1/\mu \tag{7.8}$$

$$t_T = \sum_{i=1}^{L} p_i t_i \tag{7.9}$$

服务器 S_i 的平均队列长度为 Q_i，由式（7.5）和式（7.9）可得

$$t_T = \sum_{i=1}^{L} p_i (Q_i / \lambda_i + 1/\mu) = \sum_{i=1}^{L} (\lambda / \lambda_i)(Q_i / \lambda_i + 1/\mu)$$

$$= \sum_{i=1}^{L} (Q_i / \lambda_i + \lambda_i / \mu\lambda)$$

$$= \sum_{i=1}^{L} (\rho_i^{N_i} \overline{\rho}_i / \{\lambda(N_i)!(1-\overline{\rho}_i)^2 [e^{\rho_i} + \rho_i^{N_i} / ((N_i)!(1-\overline{\rho}_i))]\} + \lambda_i / \mu\lambda) \tag{7.10}$$

整个 HCB 服务器系统的优化目标是确定最小的处理时间 t_T，计算 $[\lambda_1, \lambda_2, \cdots, \lambda_L]$ 获得最小的 t_T。这是一个受限的非线性程序，用于求解 t_T 的最小值。受约束的非线性模型可以表示为

$$\min f(\lambda_i) \quad \text{s.t.} \lambda_1 + \lambda_2 + \cdots + \lambda_L = \lambda \tag{7.11}$$

使用惩罚函数来处理这个受限的非线性模型，得到了一组 $[\lambda_1, \lambda_2, \cdots, \lambda_L]$。然后可以计算出每个服务器的转发概率为 $p_i = \lambda_i \Big/ \sum_{j=1}^{L} \lambda_j \ (i = 1, 2, \cdots, L)$。负载调度器根据以下原则转发请求 p_i。

从式（7.10）和式（7.11）可以看出，只有两个量决定了基于最小处理成本（LPC）算法的转发概率：一个是瓦片访问的请求到达率，另一个是服务处理能力。然而，服务处理能力是基于集群的服务器组的一个固定属性。因此，LPC 算法只有在用户访问请求到达率发生变化时才需要重新计算转发概率。由于负载变化是周期性的，每个服务器转发概率的计算可以离线进行，以避免为每个请求和每个处理任务在线计算当前负载。这可以提高转发效率，减少系统资源需求。

7.1.5 异构网络负载均衡策略实验分析

1. 仿真设计

使用 90 m 的全球航天飞机雷达地形测绘任务（shuttle radar topography mission，SRTM）地形数据和 30 m 的全球 Landsat7 卫星影像数据进行模拟。在模拟中，使用异质服务器是一个关键因素。如果该服务器 S_i 能够处理的瓦片请求的数量是 N_i，表示服务器 S_i 处理性能的吞吐量，N_i 的变化程度表示异质性的程度。因此，$\bar{N} = \sum_{i=1}^{L} N_i / L$ 可被用作基于集群的系统处理性能的参考点。$H = \sum_{i=1}^{L} (\bar{N} - N_i) / L$ 代表异质性的程度。TPC-C 是在线交易处理的性能基准标准，它真实地模拟了商业环境，得到世界范围的认可。因此，根据 TPC-C，12 台 Linux HCB 服务器被用在本研究中，每台都有一个英特尔双核处理器和一个不同的值 N_i，处理性能的参考点 H 设为 0.306。基于集群的服务器使用一个 100 Mbps 的交换机连接起来，形成一个快速以太网。一个具有足够处理能力的负载调度器被放置在集群系统的入口处，防止出现转发瓶颈。客户端通过互联网发起对负载调度器的请求。瓦片请求的数量为 100 000，遵循泊松分布。本小节研究模拟所提出的 HCB 系统的负载均衡方法，并与轮询算法（round-robin algorithm，RRA）、最小负载算法（least-load algorithm，LLA）和最小连接算法（least-connection algorithm，LCA）进行比较。

HCB 缓存大小和请求到达率是评估负载调度模型的重要因素。缓存的相对大小（RSC）是缓存大小与所请求的瓦片的总大小之比。因此，在进行模拟中，RSC 和请求到达率是不同的，用以评估在平均请求响应时间、吞吐量和最大并发请求数方面的负载均衡性能。

在正常情况下，地理信息服务瓦片访问模式符合 Zipf 定律，但在某些紧急情况下，绝大部分的请求都是为了少数几个热点数据。为了测试所提出的方法在各种情况下的性能，以两种方式模拟客户端对瓦片访问：一种是符合 Zipf 分布，另一种是涉及对极少数热点数据的突然访问。缓存是按照 7.1.1 小节中的方法分布的。

2. 结果分析

图 7.2 比较了 RSC 为 10%～40% 时 4 种算法的平均请求响应时间。横轴显示了单位时间内的用户请求数与服务器处理能力的比率（the ratio of the number of user requests per unit time to the server processing capacity，RPR）。其中，RPR 为 $\sum_{i=1}^{L} N_i / \mu$。由于 SPC 是恒定的，横轴反映了单位时间内用户请求数量的变化（也称为请求到达率）。

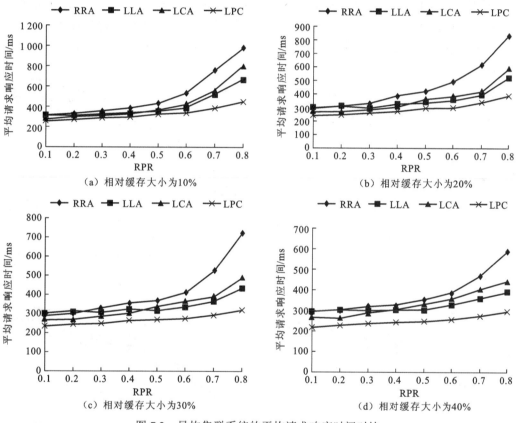

图 7.2　异构集群系统的平均请求响应时间对比

结果显示，对于任何测试的缓存大小和请求到达率，LPC 总是提供最快的瓦片返回。对于较低的请求到达率，LPC 的请求响应时间比其他算法低 15%～25%。对于较高的到达率，LPC 的请求响应时间比 LLA 和 LCA 低 20%～30%，而比 RRA 低 30%～50%。结果表明该算法可以适应高负荷。随着到达率增加，LPC 的平均请求响应时间曲线越平滑，而其他算法的请求响应时间迅速增加，特别是 RRA。这表明 LPC 算法对 HCB 服务器系统的当前负载提供了更准确的评估，并更均匀地分配访问负载任务。然而，RRA 未能考虑到当前的负载。LPC 确定转发用户请求的最小处理时间是基于 M/M/S/∞ 排队模式，考虑了最小负荷、异构服务器处理能力和当前队列状态。因此，该算法是实时可靠的，并提供访问负载的均匀分布。

　　吞吐量表征 HCB 系统的服务能力；较高的吞吐量可以支持大规模、高强度的数据请求，提供具有服务质量的数据服务。图 7.3 显示了 4 种算法的 HCB 吞吐量结果与用户请求的到达率的关系。对于所有的缓存容量条件，在低负载（RPR=0.2）条件下，LPC的吞吐量比 RRA、LLA 和 LCA 分别高 15%、11%～13% 和 5%～8%。在中间负荷（RPR=0.3～0.4）下，LPC 的吞吐量分别比 RRA、LLA 和 LCA 高 18%～22%、9% 和 10%。在重负载条件下（RPR≥0.5），LPC 的吞吐量比 RRA、LLA 和 LCA 分别高 25%～30%、13%～17% 和 15%～18%。对于更大的请求到达率，LPC 吞吐率的增加比其他三种算法快。这是因为 LPC 考虑了瓦片访问模式，可以适应数据访问请求的强度，在单位时间内处理更多的访问流量。对本地化的热点数据进行均衡的缓存有助于提高吞吐量。

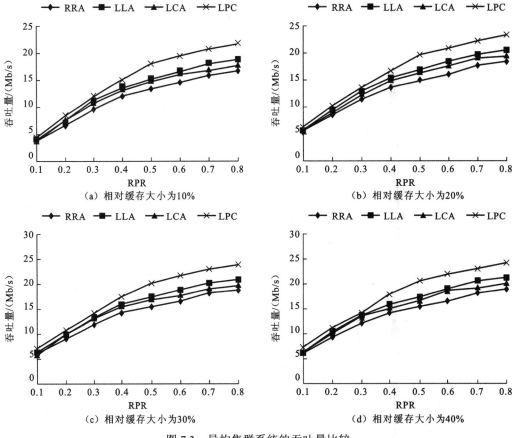

图 7.3　异构集群系统的吞吐量比较

　　在 Web GIS 中，请求具有高并发性，因此一次点击可能会导致对许多瓦片的请求。实际的并发处理性能取决于 HCB 系统中多个服务器之间的负载均衡。图 7.4 显示了在不同的缓存条件下，HCB 系统可以接受的最大并发请求数。数据显示，LPC 在并发请求数量方面具有性能优势，并且具有更大的缓存容量。对于较低的 RSC，LPC 实现的并发任务数比 RRA 高 25%，比 LLA 和 LCA 高 15%。随着缓存相对大小增加，LPC的并发数比 RRA 高 35%，比 LLA 和 LCA 高 20%～25%。这是因为 LPC 考虑了高强度瓦片请求到达时的排队状态。对于具有不同内容和不同负载的请求，LPC 考虑了负载分布的局部控制。这种方法避免了对瓦片访问时间局部性的破坏，并防止热点数据处理的过度集中。因此，当单位时间内对服务器处理的请求数量增加时，所提出的方法可以提供最低的集群系统资源消耗，并随后处理更多的并发用户。

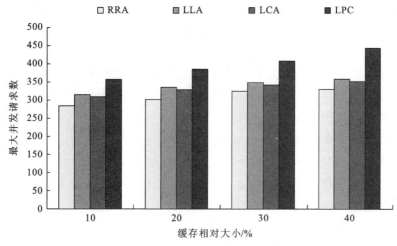

图 7.4　异构集群系统的最大并发请求数比较

良好的 GIS 服务质量（QoGIS）可以改善用户探索 GIS 数据时的体验。从网络应用的角度来看，QoGIS 包括最大化地利用网络带宽和稳定地传输更多的数据。从上述仿真结果来看，在相同的网络环境和相同的用户负载下，LPC 算法可以获得最短的响应时间、最高的吞吐量和最大的并发请求用户数，从而实现更高的 QoGIS。

7.2　基于时间序列的自适应负载均衡

负载均衡技术是集群式地理信息服务中重要技术之一，对提升集群式地理信息服务的综合性能和稳定性有着重要的作用。动态负载均衡方案的思想是通过周期性采集各集群节点的负载获得节点的负载情况，进而通过相应的任务分配策略来维持系统负载的平衡（Stankovic et al.，1999）。

这里介绍本课题组基于用户访问到达率的可变负载反馈周期策略研究成果，该研究成果使系统根据地理信息服务负载变化情况进行调整，进而提高负载均衡效率，同时提升系统的吞吐量。此外，本节还提出一种新的基于 M/M/1 排队模型的任务调度算法，通过计算各节点在相应负载下的转发概率区间来进行任务分配（Li et al.，2019）。

7.2.1　基于用户访问到达率的可变负载反馈周期策略

负载均衡根本目的是获取集群中各节点当前负载情况，进而通过任务调度实现集群的计算资源均衡。但是，在下面两种情况下，负载均衡的意义和效果不大。

（1）集群整体负载很低时，这种情况一般出现在用户请求或任务数量很小时（如晚间），此时集群整体及集群中各节点都处于低负荷下，集群的物理资源空间还有很大的空余，所以负载均衡意义不大。

（2）集群整体及各节点的负载变化稳定时，这种情况下节点上一周期采集到的负载可以代替下一周期节点的负载，所以负载反馈反而带来不必要的系统开销（Li et al.，2013）。

综上所述，负载反馈周期的大小其实是负载反馈必要性的一种度量。负载反馈的必要性与两个因素有关：集群整体负载大小和集群整体负载的变化率。因此，一个良好的自适应负载反馈周期策略应该具有以下特点。

（1）只有当集群负载达到一定的阈值，集群才应进行负载的反馈。

（2）当集群负载变化率较大即变化较剧烈时，应采取较小的负载反馈周期以更加准确地监测服务器负载的变化；相反，当集群变化率较小即负载变化较平稳时，应采取较大的负载反馈周期以减少系统的开销。

综上所述，相比传统动态反馈负载均衡算法中采用固定反馈周期的做法，采用自适应反馈周期策略可以更好地利用系统资源并且提升系统的吞吐量。然而，实际情况中难以提前获得集群负载及其变化情况。但是，对一个 Web 集群系统而言，集群的负载状况是由用户访问到达率（即每秒钟用户请求的数量）决定的。下面通过排队论模型证明。

假设集群中有 s 台服务器，用户的到达符合平均到达率为 λ 的泊松分布，每台服务器的服务时间相对独立，且服从参数为 μ 的负指数分布，则整个系统模型符合 M/M/S/∞ 的排队模型。根据排队论公式可以得到系统的平均排队长 L_q 为

$$L_q = \frac{P_0 \rho^S \rho_S}{S!(1-\rho_S)^2} \tag{7.12}$$

式中：$P_0 = \left[\sum_{n=0}^{S-1} \frac{\rho^n}{n!} + \frac{\rho^S}{S!(1-\rho_S)}\right]^{-1}$，$\rho_S = \frac{\rho}{S} = \frac{\lambda}{S\mu}$，$\rho = \frac{\lambda}{\mu}$。

由上述可知，系统平均排队长和到达率呈正相关关系。这意味着用户的到达率越高，集群服务器中处于排队状态的任务（即待处理任务）越多，集群的负载自然就越大。而用户访问的到达率可以通过网络监测轻松获得。因此，可以根据当前集群的用户访问到达率来近似获知集群负载的变化状况。进而，影响负载反馈周期的两个因素也可以替换为：当前用户访问到达率的大小和当前用户访问到达率的变化率。

假设集群每秒可以容纳的最大并发数为 M，取 $M_0 = 0.2M$ 为集群的到达率阈值，当到达率小于 M_0 时，系统处于低负荷状态，此时始终以较大的周期 T_0（如 50 s）作为负载反馈周期。设第 i 个负载反馈周期开始时为 t_i 时刻，此时监测到的用户访问到达率为 λ_{t_i}，t_i 时刻到达率的变化率为 ρ_{t_i}，因为负载反馈周期与到达率的变化率应呈负相关关系，则当 $\lambda_{t_i} > M_0$ 时，令此时的负载反馈周期 T_i 为

$$T_i = K \frac{1}{\rho_{T_i}} \qquad (7.13)$$

式中：K 为反馈周期的转换系数，可以根据实际情况进行设定；ρ_{T_i} 为第 i 个反馈周期中用户到达率的平均变化率，用来表示第 i 个周期用户到达率变化的剧烈程度，则

$$\rho_{T_i} = \frac{\rho_{t_i} + \rho_{(t_{i+1})} + \rho_{(t_{i+2})} + \cdots + \rho_{t_{i+l}}}{T_i} \qquad (7.14)$$

式中：t_i 为第 i 个周期的开始时刻；t_{i+1} 为第 $i+1$ 个周期的开始时刻，即第 i 个周期的结束时刻；因此，$t_{i+1} - t_i = T_i$；ρ_{t_i} 为 t_i 时刻到达率的变化率，其应为

$$\rho_{t_i} = \frac{|\lambda_{t_i} - \lambda_{t_{i-1}}|}{t_i - (t_{i-1})} = |\lambda_{t_i} - \lambda_{t_{i-1}}| \qquad (7.15)$$

式中：$\lambda_{t_{i-1}}$ 为 t_{i-1} 时即上一秒用户达到率的大小，根据式（7.14）可依次计算出任意时刻用户到达率的变化率。

根据式（7.14）和式（7.15），可以计算出一个反馈周期内用户到达率的平均变化率，用以表示这个周期内用户到达率变化的剧烈程度。然而，在一个反馈周期开始前无法获得这个周期的到达率情况。但是，可以根据前面几个周期的到达率变化情况来预测下一个周期到达率的变化情况。这其实是基于时间序列的预测过程，而常见时间序列预测方法包括移动平移法、加权移动平均法和指数平滑等。由于对 Web 系统而言，用户的到达率往往无明显的变化趋势或者周期性趋势，所以采用一阶指数平滑法，通过已监测的前面周期的到达率平均变化率来预测下一个周期的到达率平均变化率。

一阶指数平滑法的公式如下：

$$F_{t+1} = aY_t + (1-a)F_t \qquad (7.16)$$

式中：F_{t+1} 为 $t+1$ 期的指数平滑趋势预测值；F_t 为 t 期的指数平滑趋势预测值；Y_t 为 t 期实际观察值；a 为权重系数，通常根据数据变化情况由经验值进行设定。F_t 依然可以由式（7.16）来进行求解，因此：

$$\begin{aligned} F_{t+1} &= aY_t + (1-a)F_t = aY_t + (1-a)[aY_{t-1} + (1-a)F_{t-1}] \\ &= aY_t + (1-a)Y_{t-1} + a(1-a)^2 Y_{t-2} + a(1-a)^3 Y_{t-3} + \cdots + (1-a)^t F_1 \end{aligned} \qquad (7.17)$$

从式（7.17）中可知，指数平滑法最大的特点是：离预测时期越近的观测数据对预测值的影响权重越大，这也十分符合用户到达率的变化特点。因此，将指数平滑法应用到反馈周期内到达率平均变化率的预测上。

则根据式（7.15），第 i 个周期的到达率平均变化率应 ρ_{T_i} 为

$$\rho_{T_i} = a\rho_{T_{i-1}} + (1-a)F_{i-1} \qquad (7.18)$$

式中：$\rho_{T_{i-1}}$ 为由上个反馈周期监测到的达到率结合式（7.13）和式（7.14）得到的到达率的平均变化率；F_{i-1} 为上一周期的预测值。

综上所述，当每个反馈周期结束时，都由这个周期所监测到的到达率数据，根据式（7.13）和式（7.14）计算出这个周期的到达率平均变化率，并结合这个周期预测平均变化率由式（7.19）（一阶指数平滑法）推算出下一个周期的到达率的平均变化率，

即获取下个周期用户到达率变化的剧烈程度，再结合式（7.12）便可以推算出下一个负载反馈周期的大小。

因此，负载反馈周期 T_i 的表达式为

$$T_i = \begin{cases} T_0, & \lambda_i < M_0 \\ K\dfrac{1}{a\rho_{T_{i-1}} + (1-a)F_{i-1}}, & \lambda_i > M_0 \end{cases} \tag{7.19}$$

式中：K 和 a 均为经验系数，应该根据 Web 集群系统的具体情况来进行设定。通过式（7.19）建立一种基于用户访问到达率的可变反馈周期策略，该策略可以在集群负载变化频繁时减小负载反馈周期，以加快负载采集的频率，从而更加实时地获得集群负载的变化情况；当集群负载变化平稳时，增大负载反馈周期，以减少不必要的系统开销。

7.2.2 基于排队论的任务调度算法

在确定了负载采集周期策略后，如何根据周期内采集的负载数据将用户请求合理地分配到集群中是一个良好的负载均衡方案的核心。这一过程包含两个部分：①服务器节点负载的参数的采集；②根据各节点的负载数据，通过任务调度和分配，实现集群各节点的负载均衡。

1. 服务器节点负载表示

服务器的负载与服务器的固有能力和实时处理情况有关，通过表 7.1 所列参数来采集服务器的实时负载。

表 7.1 负载影响因子表

参数	权重	参数	权重
INPUT	R_{input}	MEMORY	R_{memory}
CPU	R_{cpu}	PROCESS	$R_{process}$
DISK	R_{disk}	RESPONSE	$R_{response}$

其中 INPUT 表示服务器的输入指标；CPU 表示当前服务器的 CPU 使用情况；DISK 表示服务器节点的磁盘指标；MEMORY 表示服务器节点的内存利用情况；PROCESS 表示服务器的进程数量；RESPONSE 表示服务器节点所提供服务的响应时间。与此对应，R_{input}、R_{cpu}、R_{disk}、R_{memory}、$R_{process}$、$R_{response}$ 依次是与以上参数对应的权值，表示各个参数的权重。其取值与具体的应用和服务有关，因为不同应用对服务器的各种指标的依赖情况不同。管理员可以根据服务器所提供服务的情况来设定不同参数的权重。

因此，通过采集服务器节点的负载参数，可以得到服务器的实时综合负载为

$$W_{load} = INPUT \cdot R_{input} + CPU \cdot R_{cpu} + DISK \cdot R_{disk} + MEMORY \cdot R_{memory}$$
$$+ PROCESS \cdot R_{process} + RESPONSE \cdot R_{response}$$

其中，$R_{input} + R_{cpu} + R_{disk} + R_{memory} + R_{process} + R_{response} = 1$。

2. 基于 M/M/1 排队模型的任务调度方法

1）系统模型

假设一个集群系统中有 n 个服务器节点，则其系统模型可以被简化为图 7.5。

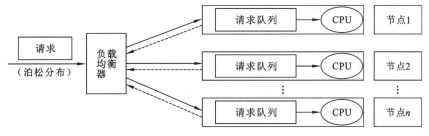

图 7.5　系统模型示意图

图 7.5 中虚线代表各服务器节点将其负载情况反馈给负载均衡器，负载均衡器根据此时各节点的负载情况将用户请求合理地分配到各个节点上以实现集群的负载均衡。对此，假设用户到达服从参数为 λ 的泊松分布，集群中共有 n 台服务器，每台服务器的服务时间独立且服从参数为 μ 的负指数分布。则有：①整个集群服从 M/M/n/∞ 的排队模型，其中 n 为服务器的个数；②若负载均衡器按照随机概率 $P_i (0 \leqslant i \leqslant n)$ 将请求分配到服务器节点上，则服务节点 i 的用户到达服从 $P_i \cdot \lambda$ 的泊松分布。那么每台服务器服从 M/M/1/∞ 的排队模型。

2）实时负载下节点期望的平均到达率 λ_{ie}

用户请求经负载均衡器分发给集群中的服务器节点。任务到达服务器节点后可能直接被执行，也可能会进行排队，等待前面的任务执行完后再执行。这个过程符合排队论中的 M/M/1/∞ 排队模型。

对服务器节点 i，假设其用户到达率为 λ_i，服务器服务率为 μ_i，设该节点的请求平均逗留时间为 T_{iq}。其中任务逗留时间包括任务排队时间和任务处理时间。则根据 M/M/1/∞ 排队模型，对该服务器节点有

$$T_{iq} = \frac{1}{\mu_i - \lambda_i} \tag{7.20}$$

由式（7.20）可知，服务器节点上的用户到达率和服务率决定了该节点内的平均排队时长和平均响应时间。倘若系统所期望的用户平均响应时间为 T_e，则由式（7.20）计算得节点 i 在满足该条件下期望的平均到达率 λ_{ie}：

$$\lambda_{ie} = \mu_i - \frac{1}{T_e} \tag{7.21}$$

其中，节点的服务率 μ_i 与该节点的负载有关。一般而言，服务器节点的负载高其服务率越低。虽然，服务器服务率和其负载并没有可以量化的函数关系。但是，可以确定的是随着服务器负载的上升，其服务能力会下降。从长远看来，一台服务器上的负载会是一个稳定的范围，并且可以通过负载检测器测得。记服务器 i 检测到的负载范围为 $W_{min} \sim W_{max}$，按照等间隔划分的思想将该节点分为 k 个等级（表7.2）。

表7.2 负载等级划分表

负载等级	1	2	3	...	k
负载区间	(W_{imin}, W_{i1})	(W_{i1}, W_{i2})	(W_{i2}, W_{i3})	...	(W_{ik}, W_{imax})

测得在各个负载区间点所对应的服务器服务率，建立服务器负载等极与服务率之间的对应关系（表7.3）。

表7.3 负载等级与服务率的关联表

负载等级	负载区间	服务率 μ
1	(W_{imin}, W_{i1})	$(\mu_{imax}+\mu_{i1})/2$
2	(W_{i1}, W_{i2})	$(\mu_{i1}+\mu_{i2})/2$
3	(W_{i2}, W_{i3})	$(\mu_{i2}+\mu_{i3})/2$
$\vdots$	$\vdots$	$\vdots$
k	(W_{ik}, W_{imax})	$(\mu_{ik}+\mu_{imin})/2$

相应负载区间所对应的服务率 μ 即为区间端点负载值对应的服务率的平均值。这样一来，在每个服务器节点上存储和维护一份该节点负载和服务率的对应关系表。在获得负载服务器 i 的负载时，通过查表获得此时该节点的负载等级，进而以该等级所对应的服务率作为该节点的服务率 μ_i。在获取 μ_i 后，便可以计算出节点在当前负载下所期望的用户平均达到率 λ_{ie}，表达式如式（7.21）所示。

3）任务调度策略

在获得各个服务器节点所期望的平均到达率 λ_{ie} $(1 \leqslant i \leqslant n)$ 后，根据比重划分的思想可以计算出各节点的随机转发概率 P_i

$$P_i = \frac{\lambda_{ie}}{\sum_{i=1}^{n} \lambda_{ie}} \tag{7.22}$$

式中：$P_1 + P_2 + \cdots + P_n = 1$。

以此，划分各个服务器节点的概率转发区间（表7.4）。

表 7.4　概率转发区间表

服务器 ID	概率区间
1	$(0, p_1)$
2	(p_1, p_2)
3	(p_2, p_3)
⋮	⋮
n	$(p_n, 1)$

因此，当集群有一个任务到达时，负载均衡器随机生成一个 0～1 的随机数，根据这个随机数所位于的转发区间，将这个任务转发给相应的服务器节点。

4）算法流程

本小节提出基于用户访问到达率的可变负载反馈周期策略，确保负载反馈的自适应性和高效性。在一个反馈周期内，算法的流程如下所示。

步骤 1： 根据监测到的当前时刻集群的用户访问到达率 λ，结合可变负载反馈周期策略确定反馈周期的大小 T；设集群由 n 个服务器节点组成，对于每个服务器节点（以第 i 个节点代表），采集节点的负载参数，获取节点的综合负载 W_i，并反馈给负载均衡器。

步骤 2： 根据此节点上维护的负载与服务率对照表确定各节点当前情况下节点的负载等级，并取该等级所对应的服务率作为当前情况下节点的服务率 μ_i。

步骤 3： 根据节点的服务率 μ_i 和期望的用户平均响应时间 T_e，按照公式 $\lambda_{ie} = \mu_i - \dfrac{1}{T_e}$ 计算得第 i 个节点期望的平均到达率 λ_{ie}。

步骤 4： 按照式（7.22）计算各节点的随机转发概率 $P_1, P_2, \cdots, P_n$，各节点的随机转发概率区间依次为：$(0, p_1), (p_1, p_2), (p_2, p_3), \cdots, (p_n, 1)$。

步骤 5： 对于待分配的任务，负载均衡器生成一个 0～1 的随机数，并根据随机数所属的转发概率区间将任务分配到对应的服务器上，直至此反馈周期结束。

7.2.3　自适应负载均衡实验分析

本小节以 OPNET 为仿真工具，比较本节所提出算法 VLFP（variable length feedback period）与经典的轮询算法（RRA）、加权最小连接算法（weighted least-connection algorithm，WLCA）和最小负载算法（LLA）的优劣。在实验中，采用 8 台异构 Intel 服务器，通过千兆以太网构建一个小型集群。为了比较在实际系统中基于可变反馈周期的自适应动态反馈负载均衡算法与其他算法的优劣，在客户端按照天地图中一天的用户访问规律向服务器集群发送 http 请求，基准反馈周期为 20 s。

1. 集群性能对比

如图 7.6 所示，可以看出在用户请求数比较低即系统处于低负载情况下，4 种算法的平均请求响应时间相差不大。但随着用户请求到达率的上升，4 种算法的差异逐渐显示出来。RRA 的用户平均请求响应时间最长，这是因为作为传统静态负载均衡算法，RRA 并没有考虑系统的异构性和服务器负载的实时变化，所以 RRA 下系统任务调度的效率最低，集群的性能也最差。与之相比，用户请求率较高的情况下，WLCA 下的用户平均请求响应时间较 RRA 降低了约 20%，这是因为 WLCA 以加权的方式根据服务器的动态连接数来进行任务调度，考虑了服务器集群的异构性和实时性。而本节提出的算法下用户的平均请求响应时间最小，其较 RRA 降低了约 45%，较 WLCA 降低了约 30%，较 LLA 降低了约 18%。这是因为 WLCA 中连接数并不能准确地反映服务器的负载情况；而与同样以服务器负载为依据进行任务调度的 LLA 相比，本节提出的算法通过采用可变反馈周期策略，使负载反馈拥有良好的自适应性，同时在动态获取服务器负载的基础上采用基于排队论的任务调度算法，使任务的分配效率进一步提升。

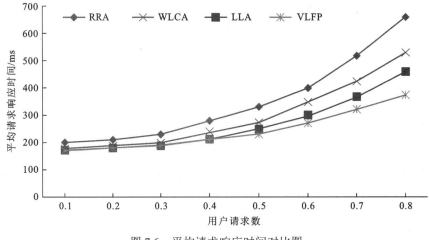

图 7.6　平均请求响应时间对比图

图 7.7 是在不同并发数下，系统采用 4 种不同负载均衡算法后的吞吐量对比。从图 7.7 中可以看出，在低并发情况下，4 种算法下系统的吞吐量基本相等，这主要是因为在低并发下，系统都可以满足用户的请求量，因此吞吐量差别并不大；而随着用户访问的增多，系统处于高负载情况下，所提出算法 VLFP 明显好于其他算法。从图中可以看出，在高并发情况下，所提出算法下集群的吞吐量较 RRA 提高了约 50%，较 WLCA 提高了约 30%，较 LLA 提高了约 21%。与 RRA 和 WLCA 相比，LLA 和所提出的算法 VLFP 下集群的吞吐量有明显提高，这主要是因为后两者都采用了动态反馈的手段实时获取服务器的负载变化情况，进而使集群的任务分配效率更高，从而提高了集群的吞吐量。而与 LLA 相比，VLFP 采用了基于用户到达率的可变反馈周期策略，根据用户到达率的变化情况动态调整负载反馈周期的大小，使负载反馈具有良好的自适应性，并且总体上减少了由负载反馈带来的系统开销，从而大大提高了系统的吞吐量。

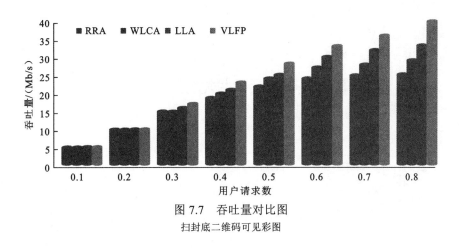

图 7.7　吞吐量对比图

扫封底二维码可见彩图

2. 集群资源利用率及负载不均衡度对比

图 7.8 是 4 种算法下集群的 CPU 平均利用率对比，从图 7.8 中可以看出，随着用户请求数的增加，所提出算法 VLFP 下集群的 CPU 平均利用情况最优。在高并发的情况下，VLFP 的 CPU 平均利用率较 RRA 降低了约 24%，较 WLCA 降低了约 16%，较 LLA 降低了约 9%。这主要是因为 VLFP 在采用可变负载反馈周期策略的基础上，基于 M/M/1 排队模型，将用户请求根据当前集群服务器的负载情况合理地分配到各个服务器上，兼顾了集群的异构性和负载的实时性，从而使集群的 CPU 利用情况最优。

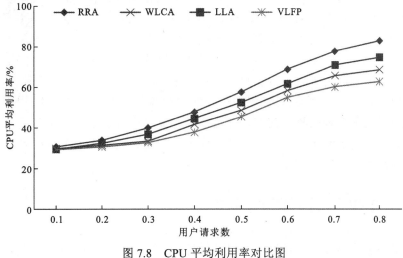

图 7.8　CPU 平均利用率对比图

图 7.9 是 4 种算法下集群的负载不均衡度对比，负载不均衡度是衡量服务负载均衡程度的重要指标，其经典的计算公式为：$L = \max_{\forall S_i \in S} |l_i - \overline{l}|$，其中 l_i 表示服务器 S_i 的当前负载程度；$\overline{l}$ 表示当前情况下集群的平均负载。负载不均衡度越低，代表集群的负载均衡程度较好。图 7.9 中 RRA 算法的负载不均衡度最高，因为 RRA 算法没有考虑集群服务器的异构性。WLCA 算法在考虑集群服务器的异构性情况下采用了加权方法，所以 WLCA 负载均衡程度有一定提升。LLA 和 VLFP 都考虑动态负载均衡策略，

所以负载均衡程度较高。

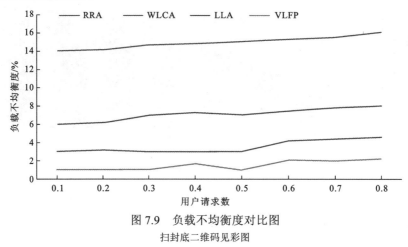

图 7.9　负载不均衡度对比图

扫封底二维码见彩图

7.3　多粒度 WD-SVR-MA 服务时间预测模型

WMSP 已成为人们获取地理信息服务的重要途径，其广泛应用越来越多地影响着人们的生活和工作方式。目前主流的 WMSP 包括 Google Maps、Bing Maps，OpenStreetMap，Baidu Maps、天地图等，为人们日常出行提供了位置查询和路径规划等便捷的地理信息服务（Schmidt et al.，2012）。与此同时，高强度和高密度的访问带来服务器过载，导致地理信息服务访问请求的服务时间增加及访问延迟，降低用户的漫游体验（Rehman et al.，2015）。为了解决迅速扩大的海量用户访问请求的计算需求与服务质量之间的矛盾，新型的云计算技术被广泛应用于地理信息服务中（Dong et al.，2020）。云计算良好的可扩展性和弹性的资源分配方式为 WMSP 提供坚实的硬件基础。为了实现合理的资源配置，作为服务质量（quality of service，QoS）重要指标之一的服务时间的精确预测尤为重要。这里介绍本课题组关于多粒度 WD-SVR-MA 服务时间预测模型的研究成果。

7.3.1　WMSP 服务时间时序模型

群体用户访问 WMSP 的行为可以基于排队论模型描述，当用户访问请求较少时，其服务时间也较短，但是随着访问负载增加，WMSP 系统处于过载状态，用户请求会处于排队状态，服务时间会显著增加。

对于 WMSP 服务器集群 $S = \{S_i \,|\, 1 \leqslant i \leqslant s\}$，在 t 时刻系统的到达率为 $\lambda(t)$，平均服务速率为 $\mu(t)$。根据 Little 定律，在 t 时刻系统利用率为 $\rho(t)$，如下：

$$\rho(t) = \frac{\lambda(t)}{\mu(t)} \tag{7.23}$$

式中：$\mu(t)$ 为系统在 t 时刻的服务速率。

在 t 时刻服务器集群 S 中排队的访问请求数如式（7.24）所示，$\rho(t)$ 越大，系统越繁忙，$N(t)$ 随之增加。

$$N(t) = \frac{\rho(t)}{1-\rho(t)} = \frac{\lambda(t)}{\mu(t) - \lambda(t)} \qquad (7.24)$$

t 时刻访问请求的服务时间 $T(t)$ 如式（7.25）所示，即到达率越大，访问请求服务时间 $T(t)$ 越长。

$$T(t) = \frac{N(t)}{\lambda(t)} = \frac{1}{\mu(t) - \lambda(t)} = \frac{1}{\mu(t)(1-\rho(t))} \qquad (7.25)$$

WMSP 中服务时间 $T(t)$ 与其到达率 $\lambda(t)$ 和系统利用率 $\rho(t)$ 呈正相关性，随着到达率 $\lambda(t)$ 增加，反映用户访问聚集度越高，系统利用率 $\rho(t)$ 随之增大，系统越繁忙。当 WMSP 处于过载状态，服务器集群 S 中处于排队状态的请求任务增多，导致系统负载过大且服务时间增长。因而当用户突发性聚集访问时，WMSP 的服务时间偏高，系统利用率 $\rho(t)$ 持续增大，此时需扩充服务器集群 S 计算能力以降低服务时间，提高系统服务质量。

基于服务时间 $T(t)$ 的时序监测与分析可反映系统利用率 $\rho(t)$ 的变化，有效评估系统的繁忙程度。服务时间 $T(t)$ 长时间的变化分析有助于服务资源的配置优化，基于服务时间长时间时序特征规律可为 WMSP 的虚拟机投入使用数量调整提供依据，提高计算资源的利用率，降低服务成本；服务时间 $T(t)$ 短时间的变化分析有助于提升服务器集群 S 动态负载均衡策略，集群 S 中各服务器的短时服务时间变化体现了服务器的实时资源利用率，基于系统利用率可为构建合理的动态负载均衡策略提供支撑。粗粒度服务时间序列中长时间变化特征规律更显著，细粒度服务时间序列中短时间变化特征规律更显著，因此构建多粒度服务时间时序模型，如下：

$$\text{TS}(t_i, \text{gr}) = [T(t_1), T(t_2), \cdots, T(t_i), \cdots, T(t_n)] \qquad (7.26)$$

式中：$\text{TS}(t_i, \text{gr})$ 为服务时间序列；gr 为服务时间序列的时间粒度；$T(t_i)$ 为在 t_i 时刻的平均服务时间。

服务时间在时序上体现出周期性和聚集性。图 7.10（a）为天地图 2014 年 2 月完整记录的服务时间时序分布图，时间粒度为 1 min。图中显示服务时间具有日周期自相似特征。每日的服务时间波峰分布在上午 10 点、下午 4 点及晚上 9 点左右。其中上午和下午的波峰出现在白天工作时间，而晚间波峰出现在夜间休息活跃期；服务时间在夜间休息活跃期的波峰值小于白天波峰值。相应地，在每日 0～8 点、中午 12 点及晚上 6 点左右出现服务时间的低谷，这些时间段对应人们日常生活中的休息区间和吃饭等活动区间。可见，服务时间在时序上的变化与用户的生活作息相关。在白天工作区间和夜间休息活跃区间，用户访问量急剧增加，导致后端服务器工作负荷增大，服务时间增加；用户休息区间，访问量减少，对应的服务时间随之减少。由此可见，服务时间存在全局性的日周期长期趋势特征。

除此以外，服务时间序列还存在局部性的随机波动特征。服务时间与服务器集群的具体软硬件环境相关，但软硬件环境参数太多，难以量化。在周期相似的长期趋势下，服务时间会受到随机因素的影响产生局部性的随机波动，见图 7.10（a），此类波动可视作因随机因素引起的噪声。

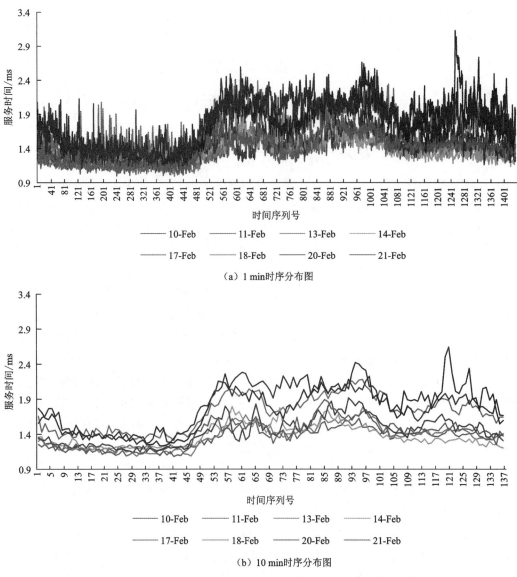

（a）1 min时序分布图

（b）10 min时序分布图

图 7.10　1 min 时间粒度和 10 min 时间粒度下的服务时间序列图

扫封底二维码可见彩图

　　10 min 时间粒度下的服务时间序列如图 7.10（b）所示，相比于 1 min 时间粒度图，其服务时间的全局长期趋势更加明显，因局部的随机波动噪声被平均化，局部的随机波动明显减少，时间序列表现更平滑，因而更适合长期预测。1 min 时间粒度下的服务时间序列的局部随机波动更大，单位时间段内数据量和信息量更多，噪声也更多，预测难度更大，而且其时间粒度小，相同步长下的最大预测时间跨度较小，因而更适合短期预测。

　　服务时间序列的特征可以总结为：在一定的时间粒度下，服务时间序列中全局性的长期趋势特征和局部性的随机波动特征并存；在粗时间粒度下，全局性的长期趋势特征更显著，在细时间粒度下，局部性的随机波动特征更显著。为了将全局性的长期趋势特征和局部性的随机波动特征分离，将 WMSP 的服务时间 TS(t_i,gr) 做如下分解：

$$TS(t_i,\text{gr}) = LS(t_i,\text{gr}) + RS(t_i,\text{gr}) \tag{7.27}$$

式中：t_i 为时间段；LS(t_i,gr) 为长期趋势项；RS(t_i,gr) 为随机波动项。分解后产生的长期趋势项和随机波动项分别代表原始服务时间序列中隐藏的长期趋势特征和随机波动特征，将两种特征分离后独立建模预测，可减少两种特征之间的信息干扰，有助于提升预测精度。

7.3.2 WMSP 服务时间预测的多粒度 WD-SVR-MA 模型

基于不同时间粒度下服务时间序列的组成结构和特征，本小节提出 WD-SVR-MA 模型对 WMSP 中服务时间进行精确预测。

复杂服务时间序列中全局性的长期趋势特征具有时序非平稳性，局部性的随机波动特征具有时序平稳性。将原始服务时间按照不同时间粒度划分得到不同粒度下的服务时间序列，通过小波分解（wavelet decomposition，WD），提取全局性的长期趋势部分和局部性的随机波动部分；利用在非平稳序列回归预测中具有更高准确度和更强泛化能力的非线性支持向量回归（support vector regression，SVR）模型，预测服务时间序列中的长期趋势部分；而在平稳序列回归预测中具有更高精度和更低算法复杂度的线性移动平均（moving average，MA）模型（Daubechies et al.，1992），预测服务时间序列中局部随机波动部分，最后将两个分量的预测结果进行线性相加得到最终预测的服务时间，模型流程图如图 7.11 所示。

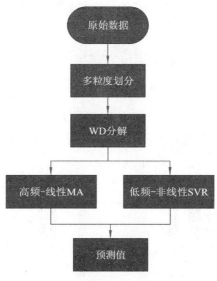

图 7.11 WD-SVR-MA 模型流程图

1）WMSP 服务时间序列的小波分解

小波分解实质是将 WMSP 服务时间序列分解成不同等级的分量，提取时序特征

（Goel et al.，2014）。WMSP 的服务时间序列既具有长期的周期性又具有局部的波动性，可被看作不同频率分量的叠加。本模型基于小波分解方法将原始的 WMSP 时间序列的高低频分量分离，使低频分量上保持原有服务时间序列的长期趋势特征，高频分量上保持随机波动特征。高低频分量的时序规律互不相同，因而分离并使其相互独立，互不干扰地建模，能有效提高预测精度。

本模型使用 Mallat 小波快速分解算法（Mallat，1989）。服务时间序列 $TS(t_i,gr)$ 经过 Mallat 算法分解后得到低频分量和高频分量，如下：

$$\begin{cases} l = Q * TS(t_i,gr) \\ h = G * TS(t_i,gr) \end{cases} \tag{7.28}$$

式中：Q 为低通滤波器；G 为高通滤波器；$TS(t_i,gr)$ 为时间粒度 gr 下的服务时间序列；l 为服务时间序列的长期趋势低频分量；h 为服务时间序列的随机波动高频分量。利用 Mallat 算法得到的分量序列长度是原始序列的二分之一，但是分量序列长度的减少对服务时间序列的建模预测是不利的。因而，对分解后的分量进行重构，使其与原有序列具有相同的长度。重构方法如下：

$$\begin{cases} L = Q^* * l \\ H = G^* * h \end{cases} \tag{7.29}$$

式中：Q^* 和 G^* 分别为 Q 和 G 的对偶算子；L 和 H 为重构后的低频分量和高频分量。服务时间序列表示如下：

$$TS = L + H \tag{7.30}$$

式（7.30）表明原始服务时间序列 TS 为低频分量 L 和高频分量 H 线性相加之和；其中低频分量包含服务时间序列的全局的长期趋势特征，高频分量包含局部的随机波动特征。

2）WMSP 服务时间低频分量的 SVR 预测模型

SVR 模型的基本思想是通过内积函数定义的非线性映射将 WMSP 服务时间低频分量变换到高维空间，并且在高维空间中进行回归（Ma et al.，2003）。由上述可知，小波分解得到的服务时间低频分量是原始服务时间序列的子序列 L。L 可以表示为

$$L = [l_1, l_2, \cdots, l_i, \cdots, l_n] \tag{7.31}$$

式中：n 为序列长度。

SVR 模型目标是寻求某一时刻的低频分量 l_i 与其过去的 m 个值的函数关系。因而由 L 构建的输入矩阵 V 如下：

$$V = \begin{bmatrix} l_m & l_{m-1} & \cdots & l_i & \cdots & l_1 \\ l_{m+1} & l_m & \cdots & l_{i+1} & \cdots & l_2 \\ \vdots & \vdots & & \vdots & & \vdots \\ l_{n-1} & l_{n-2} & \cdots & l_{n-m+i-1} & \cdots & l_{n-m} \end{bmatrix} \tag{7.32}$$

对应输出向量 U：

$$U = [l_{m+1}, l_{m+2}, l_{m+3}, \cdots, l_i, \cdots, l_m] \tag{7.33}$$

基于 SVR 模型的 WMSP 服务时间序列低频分量建模预测过程：首先输入矩阵 V，基于映射 $\phi:\mathrm{RE}^n\to HS$ 映射到高维特征空间 HS 中，再利用式（7.34），拟合数据 (v_i,l_i)，$i=1,2,3,\cdots,n-m$，其中 v_i 为矩阵 V 的第 i 列向量，ω 为输入向量 V 对应的权重，b 为阈值，RE 为实数集。标准支持向量机利用 ε-不灵敏度损失函数，即假设所有训练数据在精度 ε 下用线性函数拟合，如下：

$$L(v)=\omega\phi(v)+b \tag{7.34}$$

$$\begin{cases} l_i-L(v_i)\leqslant\varepsilon+\xi_i \\ L(v_i)-l_i\leqslant\varepsilon+\xi_i^*, \quad i=1,2,\cdots,n \\ \xi_i,\xi_i^*\geqslant 0 \end{cases} \tag{7.35}$$

式中：ξ_i,ξ_i^* 为松弛因子。该问题转化为求解优化目标函数最小化问题，如下：

$$R(\omega,\xi,\xi^*)=\frac{1}{2}\omega^2+C\sum_{i=1}^n(\xi_i+\xi_i^*) \tag{7.36}$$

式中：常数 $C>0$ 为惩罚参数。对于此类凸二次优化问题，引入 Lagrange 函数求解，如下：

$$\begin{aligned} \mathrm{La}=&\frac{1}{2}\omega^2+C\sum_{i=1}^n(\xi_i+\xi_i^*)-\sum_{i=1}^n\alpha_i[\xi_i+\varepsilon-l_i+L(v_i)] \\ &-\sum_{i=1}^n\alpha_i^*[\xi_i^*+\varepsilon-l_i+L(v_i)]-\sum_{i=1}^n(\xi_i\gamma_i+\xi_i^*\gamma_i^*) \end{aligned} \tag{7.37}$$

式中：$\alpha_i,\alpha_i^*\geqslant 0$；$\gamma_i,\gamma_i^*\leqslant 0$ 为 Lagrange 乘数，$i=1,2,\cdots,n$，n 为序列长度。求解函数 La 对 ω，b，ξ_i，ξ_i^* 的最小化，对 α_i，α_i^*，γ_i，γ_i^* 的最大化，代入 Lagrange 函数得到对偶形式，最大化函数为

$$W(\alpha,\alpha^*)=-\frac{1}{2}\sum_{i=1,j=1}^n(\alpha_i-\alpha_i^*)(\alpha_j-\alpha_j^*)K(x\cdot x_i)+\sum_{i=1}^n(\alpha_i-\alpha_i^*)l_i-\sum_{i=1}^n(\alpha_i+\alpha_i^*)\varepsilon \tag{7.38}$$

其约束条件为

$$\begin{cases} \sum_{i=1}^n(\alpha_i-\alpha_i^*)=0 \\ 0\leqslant\alpha_i, \quad \alpha_i^*\leqslant C \end{cases} \tag{7.39}$$

最后求得拟合函数为

$$L(v)=\sum_{i=1}^n(\alpha_i-\alpha_i^*)K(v_i,v_j)+b \tag{7.40}$$

式中：$K(v_i,v_j)$ 为核函数，将高维空间的内积运算转化为低维空间的核函数计算，从而避免高维空间计算时出现维数灾难问题。核函数的类型有多种：多项式核函数、径向基核函数、B 样条核函数、Fourier 核函数等。使用的核函数为常用的径向基核函数，如下：

$$K(v_i,v_j)=\exp(-g\|v_i-v_j^2\|), \quad g>0 \tag{7.41}$$

式中：g 为径向基核函数参数。在 SVR 模型的求解过程中，通过优化惩罚参数 C 和核函数参数 g 求得最优的 SVR 模型。

3）WMSP 服务时间高频分量的 MA 预测模型

MA 模型是 WMSP 服务时间高频分量与系统白噪声之间建立的模型，其预测方式是通过将过去的 q 阶系统白噪声的线性组合对数据进行预测（Syu et al.，2016）。由于 WMSP 服务时间的高频分量表示局部的随机波动，本质上同样是系统噪声，因而从模型理论的角度，MA 模型更适合对高频分量进行建模预测。MA 模型可表达为

$$H(t) = \varepsilon_t - \beta_1 \varepsilon_{t-1} - \beta_2 \varepsilon_{t-2} - \cdots - \beta_q \varepsilon_{t-q} \tag{7.42}$$

式中：$H(t)$ 为服务时间序列高频分量；q 为 MA 模型的阶数；$\beta_i\ (i=1,2,\cdots,q)$ 为模型的待定系数；ε_t 为是白噪声序列。

序列的平稳性是 MA 模型建模的前提条件。使用单位根检验方法验证 WMSP 时间序列高频分量的平稳性，并通过赤池信息量准则（Akaike information criterion，AIC）对模型进行定阶（Harris，1992）。AIC 是一种广泛应用的模型定阶方法，可以权衡模型的复杂度和拟合的优良性，从众多候选模型中选取拟合度最优模型（Akaike，1974）。定义 AIC 函数为

$$AIC(r) = \lg(\hat{\sigma}^2) + \frac{2r}{N} \tag{7.43}$$

式中：$\hat{\sigma}^2$ 为 ε_t 方差估计；r 为模型参数总数，即 $r = p+q+1$；N 为样本数据量。利用 AIC 定阶在 (p,q) 的一定范围内寻求合适的 $(\hat{p},\hat{q})$，使得统计量 AIC(r) 达到最小，获得的 $(\hat{p},\hat{q})$ 为 (p,q) 的估计。

7.3.3　WMSP 服务时间预测模型分析

本小节实验的研究数据来源于天地图用户访问日志。网络地图瓦片服务（WMTS）是天地图主要服务之一，每天大量的用户访问产生海量的访问日志数据。根据日志统计，天地图每天的访问量近 9 000 万条，产生的日志文件大小约为 20 G，记录用户访问瓦片的相关信息，包括访问时间、用户 IP、请求瓦片的层数、瓦片的行列数、瓦片大小、瓦片类型和服务时间等。本小节选取的研究样本数据集为 2 种不同时间粒度：细时间粒度（1 min）与粗时间粒度（10 min）。其中 1 min 时间粒度每天生成 1 440 个时段的时间序列，10 min 时间粒度每天生成 144 个时段的时间序列，如图 7.10 所示。将两种时间粒度的样本数据分为训练集和测试集，其中 75% 为训练集，剩余的 25% 数据为测试集。

1. 小波预测结果分析

为了提取服务时间序列中隐含的长期趋势规律和随机波动规律，对两种时间粒度训练集中样本数据基于 Mallat 算法进行分解与重构，母小波函数选用 db2（Ding et al.，2017），将测试数据集中服务时间序列代入式（7.28）进行小波分解，其结果代入

式（7.29）进行小波重构，得到 1 min 时间粒度的服务时间序列的低频分量 L_1 和高频分量 H_1，如图 7.12 所示。10 min 时间粒度的服务时间序列的低频分量 L_{10} 和高频分量 H_{10}，如图 7.13 所示。

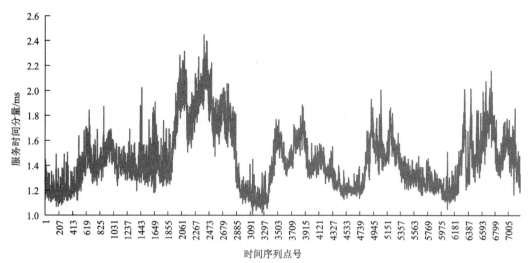

(a) 1 min 粒度下服务时间低频分量

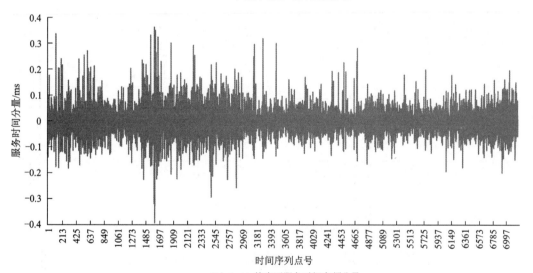

(b) 1 min 粒度下服务时间高频分量

图 7.12　1 min 时间粒度下服务时间的低频分量与高频分量

在 1 min 时间粒度下，服务时间的低频分量保持原始服务时间序列的长期趋势特征。低频分量具有随时间明显的变化趋势，方差随时间变化，体现出非平稳序列特征。低频分量的最大值为 2.445，最小值为 1.008，具有较大的波动区间。1 min 时间粒度下的服务时间高频分量保持原始服务时间序列的随机波动特征，随机波动均匀分布于 0 值上下，方差随时间变化不显著，体现出平稳序列特征。高频分量的最大值为 0.362，最小值为−0.391，相比低频分量具有较小的波动区间。

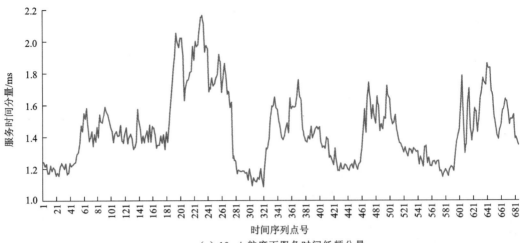

（a）10 min粒度下服务时间低频分量

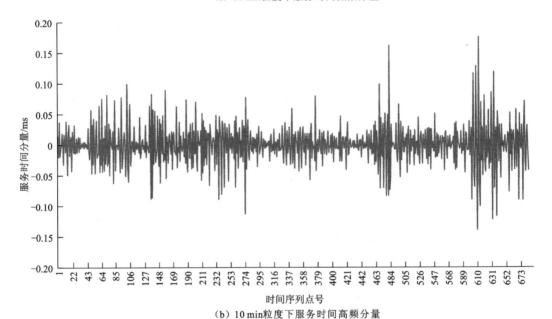

（b）10 min粒度下服务时间高频分量

图 7.13　10 min 时间粒度下服务时间的低频分量与高频分量

在 10 min 时间粒度下，服务时间低频分量与 1 min 时间粒度下相似，同样保持原始服务时间序列的长期趋势特征。10 min 时间粒度低频分量与 1 min 时间粒度的低频分量在曲线波峰和波谷上的特征表现是一致的，10 min 时间粒度低频分量的最大值为 2.165，最小值为 1.085。10 min 时间粒度的高频分量保持原始服务时间的随机波动特征，具有平稳特性。但是相较于 1 min 时间粒度的高频分量，其随机波动幅度明显较小，最大值为 0.176，最小值为 -0.139。10 min 时间粒度低频分量和高频分量的数据量相较于 1 min 时间粒度都少 10 倍，数据被平均化，单位时间段内数据量和数据分布密度都相对较少。具体表现为 10 min 时间粒度低频分量曲线更平滑，高频分量曲线的随机波动幅度较小，包含的信息量更少。

小波分解实现将 1 min 时间粒度和 10 min 时间粒度的服务时间序列的高频分量和低频分量分离。不同时间粒度下的共同点是低频分量继承服务时间序列非平稳的长期趋势特征，高频分量继承服务时间序列平稳的随机波动特征。区别在于 10 min 时间粒度的低频分量数据量更少，数据被平均化，相较于 1 min 时间粒度的低频分量的趋势长期趋势特征更明显，而 10 min 时间粒度下的高频分量相较于 1 min 时间粒度下的高频分量的随机波动特征反而不显著。

2. SVR 模型对服务时间低频数据的预测

WMSP 的服务时间序列的低频分量 L_1 和 L_{10} 都体现出非线性和非平稳的特征，SVR 模型对于非线性和非平稳序列建模具有很强的适应性和鲁棒性（Nourikhah et al.，2015），本节在两种时间粒度下构建 SVR 模型以提高长期趋势的低频分量的预测精度。首先由低频分量 L_1 和 L_{10} 构建输入矩阵 V_1 和 V_{10}，如式（7.32），根据 7.3.2 小节中方法训练 SVR 模型。由等式（7.36）和等式（7.41）可知，构建 SVR 模型需要优化惩罚参数 C 和径向基核参数 g，本模型使用常用的格网法在训练数据集上求得 SVR 的最优化参数，具体参数见表 7.5。基于最优化参数得到预测结果，如图 7.14 所示。从预测结果与原始低频分量的对比图来看，1 min 时间粒度和 10 min 时间粒度的预测精度都较高，对服务时间序列低频分量曲线的长期趋势拟合较好，说明 SVR 模型适用于服务时间序列低频分量建模预测。相比之下，1 min 时间粒度下 SVR 模型在波峰和波谷处存在预测偏差，10 min 时间粒度下 SVR 模型在波峰和波谷处的预测精度都较高。原因在于 10 min 时间粒度下的服务时间低频分量曲线相较于 1 min 时间粒度下更为平滑，而 1 min 时间粒度下服务时间低频分量曲线则存在较多峰值波动，因而预测难度更大，但 SVR 模型依然保持较高的预测精度，充分证明 SVR 模型具有良好的鲁棒性，适用于复杂的服务时间序列建模。

表 7.5　SVR 模型的最优化参数表

时间粒度	C	g
1 min	0.574 35	27.857 6
10 min	0.329 88	16

基于 MA 模型预测的服务时间高频分量结果如图 7.15 所示。MA 模型在 1 min 时间粒度和 10 min 时间粒度下的高频分量预测精度都较高，说明 MA 模型适用于高频分量预测。10 min 时间粒度的高频分量相较于 1 min 时间粒度的高频分量的曲线波动幅度较小，因此其预测结果的精度也更高。但是在两种时间粒度下，MA 模型在部分值异常值较高的区域预测精度较差，如 1 min 时间粒度中 1673 号点附近和 10 min 时间粒度中 121 号点附近的高频分量值都偏大，相应的预测精度偏低，说明 MA 模型能够较好地描述高频分量的整体随机波动，但是对于过高或过低的异常值尚无法有效预测。

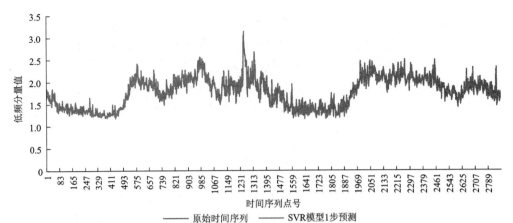

（a）1 min时间粒度低频分量SVR模型1步预测结果对比

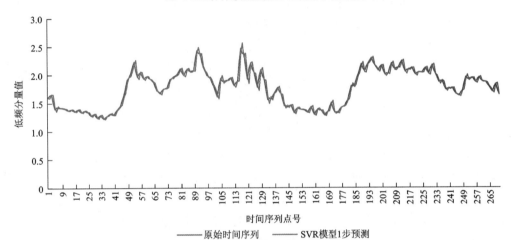

（b）10 min时间粒度低频分量SVR模型1步预测结果对比

图 7.14　1 min 时间粒度和 10 min 时间粒度下低频分量的 SVR 模型预测结果

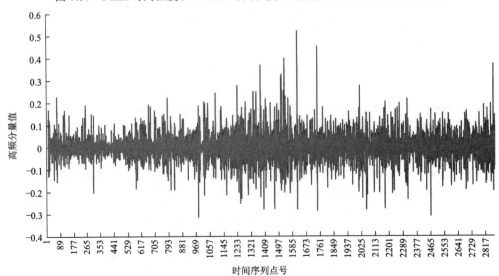

（a）1 min时间粒度高频分量MA模型1步预测结果对比

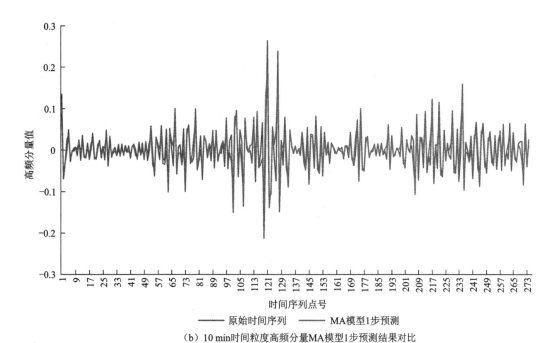

（b）10 min时间粒度高频分量MA模型1步预测结果对比

图 7.15　1 min 时间粒度和 10 min 时间粒度下高频分量的 MA 模型预测结果

扫封底二维码可见彩图

7.3.4　WMSP 实验分析

1. 实验设计和评价指标

从三个角度设计 WD-SVR-MA 模型的对比模型。第一个角度是单一模型与组合模型，其区别在于是否对服务时间序列进行分解，对比模型包括传统的单一线性模型自回归（auto regression，AR）模型，单一非线性模型 SVR 模型。第二个角度是基于小波分解的组合模型中线性与非线性模型的组合方式，包括线性模型与线性模型的组合模型（WD-AR-MA 模型），线性模型与非线性模型的组合模型（WD-SVR-MA 模型），非线性模型与非线性模型的组合模型（WD-SVR 模型）。第三个角度是对比不同的分解方法，包括常用的 WD 方法、经验模态分解（empirical mode decomposition，EMD）方法，具体模型有 EMD-SVR 模型和 EMD-SVR-MA 模型（高波 等，2011）。

本实验以平均绝对误差（mean absolute error，MAE），平均绝对百分比误差（mean absolute percentage error，MAPE），均方误差（mean square error，MSE）和相关系数 R 作为模型单步预测的评价指标；以平均相对误差的平均值（average mean absolute error，A-MAE），平均绝对百分比误差的平均值（average mean absolute percentage error，A-MAPE）和 R 值的平均值（average R，A-R）作为多步预测的评价指标，定义分别见式（7.44）～式（7.51）。其中 MAE 表示所有预测值与其算术平均值的偏差的绝对值的平均，反映数据整体的预测值误差。MAPE 消除时间序列中计量单位的影响，反映误差大小的相对值。MSE 是衡量平均误差的一种有效方法，用于评价数据的变化程度。MAE、MAPE 和 MSE 作为误差的衡量指标，其值越小，说明模型的预测精度越高。相关系数 R 衡量的是预测值与真实值之间的相关性，取值范围为[-1, 1]；当 R 的绝对值越接近于 1，说明预测值与真实值的相关性越高，模型预测精度越高。A-MAE 表示多步预测的 MAE 的平均值，用于评价模型在多步预测中的整体精度，相似的定义用于 A-MAPE、A-MSE 和 A-R。

$$MAE = \frac{1}{\mu}\sum_{i=1}^{\mu}|y_i - \hat{y}_l| \tag{7.44}$$

$$MAPE = \frac{1}{\mu}\sum_{i=1}^{\mu}\frac{|y_i - \hat{y}_l|}{y_i} \tag{7.45}$$

$$MSE = \frac{1}{\mu}\sum_{i=1}^{\mu}(y_i - \hat{y}_l)^2 \tag{7.46}$$

$$R = \frac{\sum_{i=1}^{\mu}(\hat{y}_l - \hat{y}_m)(y_i - y_m)}{\sqrt{\sum_{i=1}^{\mu}(\hat{y}_l - \hat{y}_m)^2\sum_{i=1}^{\mu}(y_i - y_m)^2}} \tag{7.47}$$

$$A\text{-}MAE = \frac{1}{\eta}\sum_{\chi=1}^{\eta}MAE(\chi) \tag{7.48}$$

$$A\text{-}MAPE = \frac{1}{\eta}\sum_{\chi=1}^{\eta}MAPE(\chi) \tag{7.49}$$

$$A\text{-}MSE = \frac{1}{\eta}\sum_{\chi=1}^{\eta}MSE(\chi) \tag{7.50}$$

$$A\text{-}R = \frac{1}{\eta}\sum_{\chi=1}^{\eta}R(\chi) \tag{7.51}$$

式中：y_i 为原始服务时间序列值；$\hat{y}_l$ 为模型预测值；y_m 为原始服务时间序列的平均值；$\hat{y}_m$ 为模型预测序列的平均值；μ 为时间序列长度；η 为预测步长。

2. WD-SVR-MA 与传统单一模型对比

在时间序列预测领域，传统单一模型 AR 模型和 SVR 模型是常用的线性模型和非线性模型，单一模型与 WD-SVR-MA 模型的区别在于是否被分解，本小节从以下三个方面对比 WD-SVR-MA 模型与单一模型的预测效果和模型鲁棒性。

1）MAE、MAPE 和 MSE 的对比

1 min 时间粒度下 WD-SVR-MA 模型平均 R 值为 0.96，稳定在 0.95 以上，优于 AR、SVR 模型，如表 7.6 所示。WD-SVR-MA 模型的 MAE，MAPE 和 MSE 都远小于单一 AR 模型和单一 SVR 模型。如表 7.7～表 7.9 所示，在 1 min 细时间粒度下，WD-SVR-MA 模型相较于 AR 模型在单步预测中的 MAE、MAPE、MSE 分别降低了

45.12%、44.72%、26.73%；相较于 SVR 模型在单步预测中的 MAE、MAPE、MSE 分别降低了 44.89%、44.11%、26.47%。10 min 时间粒度下 WD-SVR-MA 模型平均 R 值为 0.974，稳定在 0.97 以上，优于 AR、SVR 模型，如表 7.10 所示。如表 7.11～表 7.13 所示，在 10 min 粗时间粒度下，WD-SVR-MA 模型相较于 AR 模型在单步预测中的 MAE、MAPE、MSE 分别降低了 41.95%、41.50%、25.10%；相较于 SVR 模型在单步预测中的 MAE、MAPE、MSE 分别降低了 41.74%、40.99%、24.66%。说明 AR 模型和 SVR 模型的预测准确度远小于 WD-SVR-MA 模型。

表 7.6　1 min 时间粒度下 R 值

步长	WD-SVR-MA	AR	SVR	WD-SVR	WD-AR-MA	EMD-SVR	EMD-SVR-MA
1 步	0.973 973 9	0.919 085 2	0.919 424 2	0.971 900 5	0.974 227 0	0.935 110 5	0.935 216 9
2 步	0.954 353 4	0.900 299 2	0.917 165 8	0.944 625 3	0.911 178 6	0.931 925 4	0.930 322 0
3 步	0.952 403 5	0.888 712 7	0.916 282 3	0.946 087 1	0.894 102 0	0.929 058 4	0.929 235 9
平均值	0.960 243 6	0.902 699 0	0.917 624 1	0.954 204 3	0.926 502 5	0.932 031 4	0.931 591 6

表 7.7　1 min 时间粒度下 MAE

步长	WD-SVR-MA	AR	SVR	WD-SVR	WD-AR-MA	EMD-SVR	EMD-SVR-MA
1 步	0.054 843 5	0.099 926 1	0.099 508 7	0.055 962 5	0.055 719 1	0.090 116 7	0.090 212 3
2 步	0.086 988 3	0.109 959 5	0.104 250 2	0.149 711 5	0.103 675 2	0.097 926 6	0.093 303 9
3 步	0.085 400 8	0.115 496 8	0.104 689 1	0.083 993 3	0.113 498 1	0.106 347 4	0.094 772 3
平均值	0.075 744 2	0.108 460 8	0.102 816 0	0.096 555 8	0.090 964 1	0.098 130 2	0.092 762 8

表 7.8　1 min 时间粒度下 MAPE

步长	WD-SVR-MA	AR	SVR	WD-SVR	WD-AR-MA	EMD-SVR	EMD-SVR-MA
1 步	0.031 124 0	0.056 307 5	0.055 690 7	0.031 773 2	0.031 593 9	0.050 554 6	0.050 978 5
2 步	0.047 394 4	0.061 609 6	0.059 170 8	0.082 296 0	0.058 228 2	0.053 837 5	0.052 371 1
3 步	0.049 118 1	0.064 671 9	0.059 416 3	0.047 257 9	0.063 606 3	0.057 997 0	0.052 880 8
平均值	0.042 545 5	0.060 863 0	0.058 092 6	0.053 775 7	0.051 142 8	0.054 129 7	0.052 076 8

表 7.9　1 min 时间粒度下 MSE

步长	WD-SVR-MA	AR	SVR	WD-SVR	WD-AR-MA	EMD-SVR	EMD-SVR-MA
1 步	0.209 810 3	0.286 336 3	0.285 350 2	0.210 881 1	0.212 801 7	0.272 063 1	0.272 632 1
2 步	0.265 955 2	0.299 499 7	0.293 956 6	0.363 916 1	0.291 232 4	0.282 635 6	0.276 850 6
3 步	0.266 715 4	0.306 791 7	0.294 274 2	0.262 697 5	0.305 497 7	0.295 834 2	0.279 159 8
平均值	0.247 493 6	0.297 542 6	0.291 193 7	0.279 164 9	0.269 843 9	0.283 511 0	0.276 214 2

表 7.10　10 min 时间粒度下 R 值

步长	WD-SVR-MA	AR	SVR	WD-SVR	WD-AR-MA	EMD-SVR	EMD-SVR-MA
1 步	0.978 214 5	0.938 684 7	0.938 401 2	0.979 360 9	0.979 191 3	0.967 419 2	0.969 552 0
2 步	0.972 289 4	0.898 184 6	0.938 325 5	0.964 020 1	0.919 602 3	0.962 509 9	0.965 734 8
3 步	0.972 003 6	0.862 527 9	0.938 591 0	0.966 968 0	0.879 049 5	0.948 459 0	0.953 264 5
平均值	0.974 169 2	0.899 799 1	0.938 439 2	0.970 116 3	0.925 947 7	0.959 462 7	0.962 850 4

表 7.11　10 min 时间粒度下 MAE

步长	WD-SVR-MA	AR	SVR	WD-SVR	WD-AR-MA	EMD-SVR	EMD-SVR-MA
1 步	0.047 575 5	0.081 954 0	0.081 653 9	0.044 692 1	0.046 819 0	0.058 007 2	0.056 522 9
2 步	0.081 441 7	0.102 620 3	0.082 637 3	0.091 438 3	0.092 752 6	0.086 667 3	0.083 085 2
3 步	0.078 750 2	0.119 620 8	0.083 140 9	0.078 658 0	0.113 956 8	0.085 831 9	0.084 549 8
平均值	0.069 255 8	0.101 398 4	0.082 477 3	0.071 596 1	0.084 509 5	0.076 835 5	0.074 719 3

表 7.12　10 min 时间粒度下 MAPE

步长	WD-SVR-MA	AR	SVR	WD-SVR	WD-AR-MA	EMD-SVR	EMD-SVR-MA
1 步	0.026 391 7	0.045 116 2	0.044 729 6	0.024 915 5	0.026 015 2	0.031 746 5	0.030 885 9
2 步	0.043 696 4	0.056 534 1	0.045 764 3	0.049 135 4	0.051 294 7	0.045 498 9	0.043 711 0
3 步	0.042 182 8	0.065 992 9	0.046 182 8	0.042 095 3	0.062 943 9	0.045 804 3	0.045 094 6
平均值	0.037 423 6	0.055 881 1	0.045 558 9	0.038 715 4	0.046 751 3	0.041 016 6	0.039 897 1

表 7.13　10 min 时间粒度下 MSE

步长	WD-SVR-MA	AR	SVR	WD-SVR	WD-AR-MA	EMD-SVR	EMD-SVR-MA
1 步	0.195 270 6	0.260 697 5	0.259 187 9	0.186 563 0	0.195 525 9	0.218 136 2	0.215 248 2
2 步	0.262 101 1	0.287 853 3	0.260 831 5	0.278 774 5	0.276 538 7	0.265 279 5	0.259 626 1
3 步	0.256 820 5	0.309 912 2	0.260 419 0	0.254 073 4	0.304 841 6	0.265 161 6	0.263 950 3
平均值	0.238 064 1	0.286 154 3	0.260 146 1	0.239 803 6	0.258 968 7	0.249 525 8	0.246 274 9

无论是在细时间粒度 1 min 实验中还是粗时间粒度 10 min 实验中，AR 模型的单步预测 MAE、MAPE 和 MSE 都为最大，SVR 模型较 AR 模型精度稍高，这是因为服务时间作为复杂的时间序列，包含非平稳的长期趋势特征和平稳的随机波动特征，非线性模型在服务时间预测中可以捕捉更多非线性信息,因而单一非线性 SVR 模型的预测精度要略高于单一非线性 AR 模型。

WD-SVR-MA 模型相较于传统单一的 SVR 模型和 AR 模型都有 24%～46%的大幅度预测精度提升，因为 WD-SVR-MA 模型相较于单一模型的优势在于将复杂时间序列包含的非平稳的长期趋势特征和平稳的随机波动特征分解，两种特征互不干扰独立建模预测，显著提升预测精度。

而在不同的时间粒度下，WD-SVR-MA 模型预测精度都有较大的提升。10min 时间粒度下的服务时间序列较为平滑，不论是 WD-SVR-MA 模型还是单一的 AR 模型和 SVR 模型，预测精度都较高，模型之间预测精度差异较小。但是对于更为复杂、单位时间段内数据量多、系统噪声多、预测难度更大的 1 min 时间粒度下的服务时间序列的预测，WD-SVR-MA 模型具有更高的预测精度和更好的鲁棒性。

2）多步预测对比

多步预测是基于预测模型迭代逐步向前预测，当前时刻的预测值会作为下一时刻预测值的输入，从而得到多步预测值。多步预测中 WD-SVR-MA 模型相较于单一模型同样保持更高的预测精度和更好的鲁棒性。如图 7.16～图 7.21，在 1 min 时间粒度和 10 min 时间粒度下单一的线性 AR 模型在多步预测中的预测精度下降最快，而单一的 SVR 模型在多步预测中预测精度下降最慢，预测精度保持最平稳，说明非线性 SVR 模型相对线性 AR 模型具有更好的鲁棒性。通过综合评价指标评价各模型在多步预测中的预测精度，在 1 min 时间粒度下，WD-SVR-MA 模型相较于 AR 模型的 A-MAE、A-MAPE、A-MSE 分别降低了 30.16%、30.10%、16.82%，WD-SVR-MA 模型相较于 SVR 模型的 A-MAE、A-MAPE、A-MSE 分别降低了 26.33%、26.76%、15.01%；在 10 min 时间粒度下，WD-SVR-MA 模型相较于 AR 模型的 A-MAE、A-MAPE、A-MSE 分别降低了 31.70%、33.03%、16.81%，WD-SVR-MA 模型相较于 SVR 模型的 A-MAE、A-MAPE、A-MSE 分别降低了 16.03%、17.86%、8.49%。说明不论在粗时间粒度还是细时间粒度下，WD-SVR-MA 模型相较于单一的 AR 模型和 SVR 模型在多步预测中预测精度更高更稳定，具有更好的鲁棒性。这是因为经过分解后的服务时间序列模型的低频分量是基于 SVR 模型预测，SVR 模型的鲁棒性能更好应对低频分量中包含的非线性非平稳的长期趋势特征信息建模，因而 WD-SVR-MA 继承 SVR 模型的鲁棒性，使其在多步预测中保持较高的预测精度。

3）R 值对比和分布图

WD-SVR-MA 模型相较于单一模型的预测精度提升是全面的，而不是片面的，无论是在服务时间序列曲线的波峰还是波谷，预测精度都较高。从图 7.18 和图 7.21 的预测结果散点分布图来看，1 min 时间粒度的散点图更为密集，数据量更大，相较于 10 min 时间粒度下其服务时间序列预测难度更大。在 1 min 时间粒度下的 AR 模型和 SVR 模型的预测值与真实值的散点分布都比较松散，R 值较小，服务时间低值对应服务时间序列曲线的波谷，服务时间的高值对应服务时间序列曲线的波峰，波峰通常都是服务时间发生趋势急剧变化的时段，因而 AR 模型和 SVR 模型在波峰区域的预测精

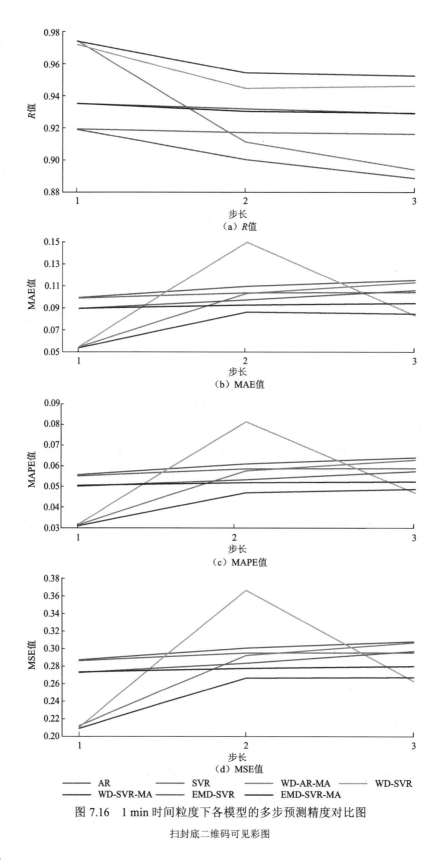

（a）R值

（b）MAE值

（c）MAPE值

（d）MSE值

AR　　　　SVR　　　　WD-AR-MA　　　WD-SVR
WD-SVR-MA　　EMD-SVR　　　EMD-SVR-MA

图 7.16　1 min 时间粒度下各模型的多步预测精度对比图

扫封底二维码可见彩图

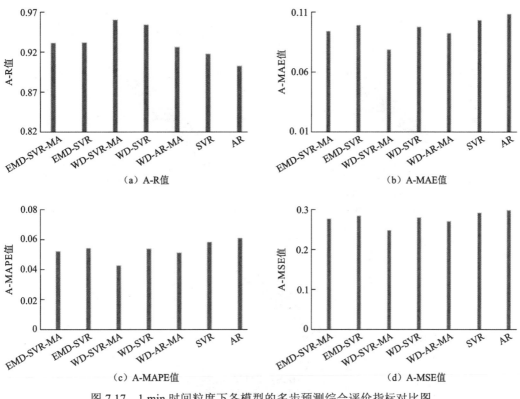

（a）A-R值   （b）A-MAE值

（c）A-MAPE值   （d）A-MSE值

图 7.17　1 min 时间粒度下各模型的多步预测综合评价指标对比图

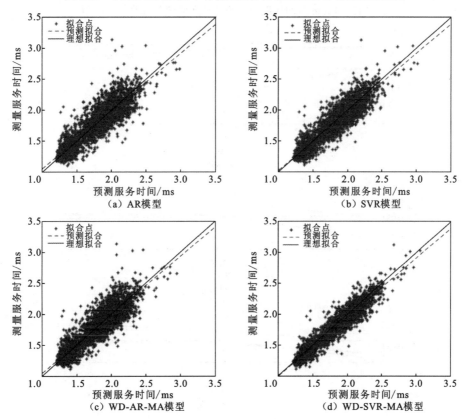

（a）AR模型   （b）SVR模型

（c）WD-AR-MA模型   （d）WD-SVR-MA模型

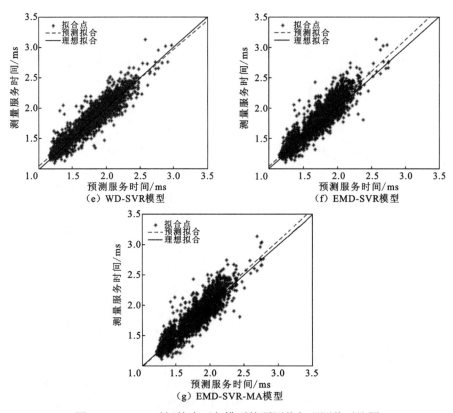

（e）WD-SVR模型

（f）EMD-SVR模型

（g）EMD-SVR-MA模型

图 7.18　1 min 时间粒度下各模型的预测值与观测值对比图

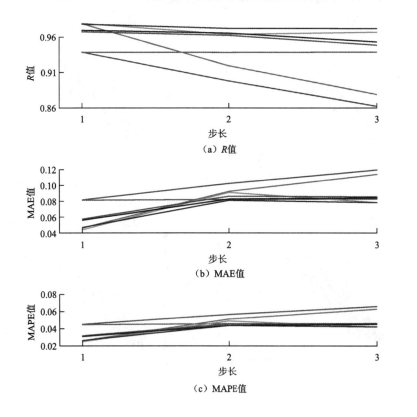

（a）R值

（b）MAE值

（c）MAPE值

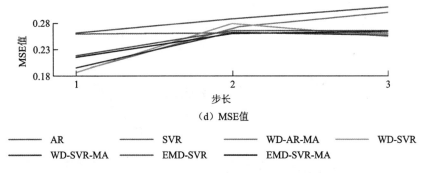

（d）MSE值

AR	SVR	WD-AR-MA	WD-SVR
WD-SVR-MA	EMD-SVR	EMD-SVR-MA	

图 7.19　10 min 时间粒度下各模型的多步预测精度对比图

扫封底二维码可见彩图

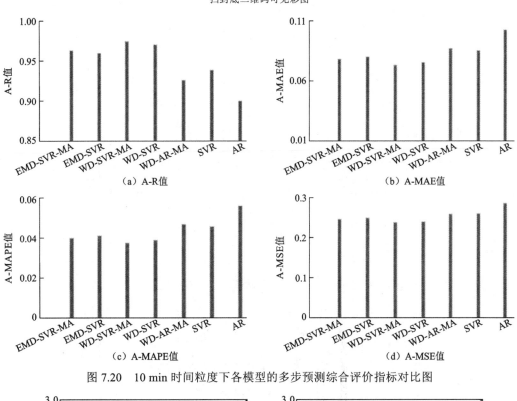

（a）A-R值　　　　　　　　　　　　　　（b）A-MAE值

（c）A-MAPE值　　　　　　　　　　　　（d）A-MSE值

图 7.20　10 min 时间粒度下各模型的多步预测综合评价指标对比图

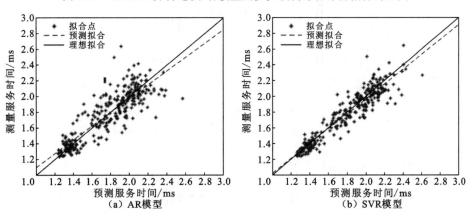

（a）AR模型　　　　　　　　　　　　　　（b）SVR模型

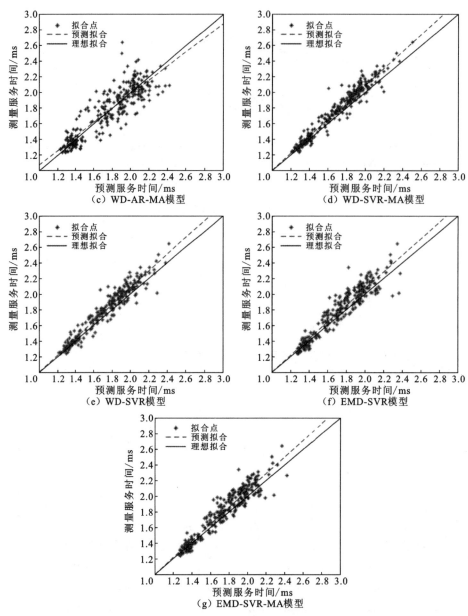

图 7.21　10 min 时间粒度下各模型的预测值与观测值对比图

度普遍偏低，散点分布偏移中心线较多，而 WD-SVR-MA 模型的散点分布不论波峰还是波谷更集中于理想拟合直线两侧。这样的对比情况在 10 min 时间粒度下更为明显，说明不论是波峰还是波谷，WD-SVR-MA 模型相较于单一的 AR 模型和 SVR 模型都具有更高的预测精度，因此可以在复杂的时间序列中取得更高的预测精度。

3. WD-SVR-MA 与基于 WD 组合方法对比

WD 组合方法包括 WD-AR-MA 模型和 WD-SVR 模型，分别代表线性模型与线性模型的组合和非线性模型与非线性模型的组合。

1）WD-SVR-MA 模型与 WD-AR-MA 模型对比

基于小波分解后的服务时间序列，低频分量的预测应用 SVR 建模预测精度更高，更合理。WD-AR-MA 模型是通过小波分解后的低频分量用 AR 模型建模，高频分量用 MA 模型建模，因而 WD-AR-MA 模型与 WD-SVR-MA 模型在高频分量上的模型是相同的，而低频分量的建模模型的差异导致 WD-AR-MA 模型比 WD-SVR-MA 模型产生更大的预测误差。在 1 min 时间粒度下，WD-SVR-MA 模型相对于 WD-AR-MA 模型的多步预测的综合评价指标 A-MAE、A-MAPE、A-MSE 分别降低了 16.73%、16.81%、8.28%；在 10 min 时间粒度下，WD-SVR-MA 模型相对于 WD-AR-MA 模型的多步预测的综合评价指标 A-MAE、A-MAPE、A-MSE 分别降低了 18.05%、19.95%、8.07%，且 WD-AR-MA 模型在 1 min 时间粒度和 10 min 时间粒度下随着预测步长增大，精测精度急剧下降，相较而言 WD-SVR-MA 模型在多步预测中的精度保持较稳定。说明在粗时间粒度和细时间粒度下，WD-SVR-MA 模型相较于 WD-AR-MA 模型具有更高的预测精度和预测稳定性，两种模型的预测精度差异来自低频分量的预测模型，WD-SVR-MA 模型基于 SVR 模型进行低频分量建模预测，WD-AR-MA 模型基于 AR 模型对低频分量进行建模预测，低频分量体现出非线性非平稳的特征，线性 AR 模型难以对非线性信息进行建模，因此相较于 SVR 模型的预测精度明显不足，同时也说明基于 SVR 模型对低频分量建模预测的合理性。

2）WD-SVR-MA 模型与 WD-SVR 模型对比

基于小波分解后的服务时间序列，高频分量的预测应用 MA 建模预测精度更高，更合理。WD-SVR 模型与 WD-SVR-MA 模型在低频分量上都采用 SVR 模型，不存在差异，而在高频分量上分别采用 SVR 模型和 MA 模型，导致 WD-SVR 模型与 WD-SVR-MA 模型相比具有更低的稳定性和鲁棒性。在 1 min 时间粒度下，WD-SVR-MA 模型相较于 WD-SVR 模型的多步预测的综合评价指标 A-MAE、A-MAPE、A-MSE 分别降低了 21.55%、20.88%、11.34%，从数值上看，WD-SVR-MA 模型的预测精度明显高于 WD-SVR 模型，但实际上 WD-SVR 模型在 1 步预测和 3 步预测中的预测精度与 WD-SVR-MA 模型相差无几，但是在 2 步预测时 WD-SVR 模型的预测精度较低，这是由高频分量的 SVR 模型预测精度较差导致的，说明 SVR 模型在高频分量上建模难以在多步预测中保持预测精度的稳定性。在 10 min 时间粒度下，WD-SVR-MA 模型相较于 WD-SVR 模型的多步预测的综合评价指标 A-MAE、A-MAPE、A-MSE 分别降低了 3.27%、3.34%、0.73%。说明 WD-SVR-MA 模型与 WD-SVR 模型的预测精度相近，但是从多步预测精度来看，在 10 min 时间粒度下的 2 步预测中 WD-SVR 模型的误差还是明显高于 WD-SVR-MA 模型，但是两种模型的预测精度差异没有 1 min 时间粒度下的大，这是因为 10 min 时间粒度的单位时间段内的数据量较少，信息量相对也较少，分解后的高频分量的波动幅度较小，易于建模预测，基于 SVR 模型建模和基于 MA 模型建模的差异被弱化，导致在 10 min 时间粒度下两种模型的预测精度相近。但是 1 min 时间粒度下，单位时间内数据量大，信息量大，建模预测更为复杂，基于 SVR 模型对代表随机波动特征的高频分量建模存在不稳定性，说明对于近似于高斯白噪声的随机波动特征的高频分量，应用 MA 模型建模更为合理，具有更稳定的预测精度。

3）WD-SVR-MA 与基于 EMD 组合方法对比

WD 和 EMD 都是广泛应用的时间序列分解方法，通过对比试验充分说明对于服务时间序列预测，WD 与 EMD 相比更具优势。EMD 方法是一种自适应的分解方法，能够依据自身特性将原始服务时间序列分解为多个不同的基本模式分量（intrinsic mode function，IMF）。本小节对比基于 EMD 分解的组合方法 EMD-SVR 和 EMD-SVR-MA 模型，在两种时间粒度下，EMD-SVR-MA 模型在多步预测中的预测精度都优于 EMD-SVR 模型，说明低频分量基于非线性 SVR 模型和高频分量基于线性 MA 模型的组合预测方法更适用于服务时间的预测。在 1 min 时间粒度下的多步预测的综合评价指标中，WD-SVR-MA 模型相较于 EMD-SVR 模型的 A-MAE、A-MAPE、A-MSE 分别降低了 22.81%、21.40%、12.70%，相较于 EMD-SVR-MA 模型的 A-MAE、A-MAPE、A-MSE 分别降低了 18.35%、18.30%、10.40%；说明在 1 min 时间粒度下 WD-SVR-MA 模型的预测精度优于 EMD-SVR 模型和 EMD-SVR-MA 模型。

在 10 min 时间粒度下的多步预测的综合评价指标中，WD-SVR-MA 模型相较于 EMD-SVR 模型的 A-MAE、A-MAPE、A-MSE 分别降低了 9.86%、8.76%、4.59%，相较于 EMD-SVR-MA 模型的 A-MAE、A-MAPE、A-MSE 分别降低了 7.31%、6.20%、3.33%，说明在 10 min 时间粒度下，WD-SVR-MA 模型的预测精度同样优于 EMD-SVR 模型和 EMD-SVR-MA 模型，但是相对于 1 min 时间粒度的提升优势较小，这同样是因为两种时间粒度下单位时间段内的数据量、信息量和信息密度的差异，导致不同时间粒度下的预测精度差异。

虽然 EMD 方法与 WD 方法同为分解方法，但是本质上存在较大差异。EMD 方法中分解后的高频 IMF 中会极大地削减其自相关性，导致由服务时间序列分解得到高频 IMF 分量的自相关系数较低，甚至不存在自相关性，这极大增大了建模预测的难度，从而导致高频 IMF 预测误差较大，使基于 EMD 模型的预测精度比 WD-SVR-MA 模型低。

7.4 本 章 小 结

优化负载均衡策略、预测地理信息服务时间是优化升级网络地理信息系统的主要方法。通过合理的服务资源负载均衡策略，网络地理信息系统能够在高负载情况下维持高效运行，确保服务资源均匀分配，提高服务稳定性和可靠性，从而直接提升用户体验。其次，准确预测地理信息服务时间不仅关系到用户能否及时获得所需数据，也对网络地理信息系统资源的合理配置和规划起关键作用。

本章从异构网络负载均衡、基于时间序列的用户自适应负载策略和多粒度地理信息服务的服务时间预测详细介绍了负载均衡策略和服务时间预测对优化提升网络地理信息系统的重要意义，并多方面讨论了负载均衡策略和服务时间预测的研究进展。未来工作可从人类行为模式-地理服务需求-服务性能优化多个角度研究冷热数据存储、服务调度机制，从而提升地理信息服务的功能和性能。

第 *8* 章

总结与展望

　　本书围绕网络地理信息系统用户行为，对用户时空行为进行模式分析与定量模型构建，并从外部因素与内部兴趣视角探究了行为驱动机制。在此基础上，基于用户行为模式优化网络地理信息系统智能服务，并应用于数据缓存策略、网络负载均衡策略及服务时间预测等方面。本书开展了面向网络地理信息系统用户行为模式挖掘的研究工作，并基于此促进了网络地理信息智能服务应用研究，但仍存在一些挑战性的问题没有得到解决。下面将分别阐述网络地理空间用户行为分析与智能服务研究所面临的问题及研究展望。

8.1 研 究 进 展

随着网络地理信息系统向着网络化、规模化、虚拟化、服务化和时空化的方向发展，网络地理信息系统用户量呈爆炸式增长。用户产生的多样化需求导致了"信息过载"问题，使用户获取有效地理信息的效率降低。因此，将地理信息与用户需求进行高效对接，提供智能化地理信息服务，是亟待解决的关键问题。

现有对网络地理信息系统用户行为分析的研究综合考虑了时序模式性、时间自相关性、空间自相关性和空间异质性方面，但是关于网络地理信息系统用户行为时空特征的研究大多基于数据驱动，且不同数据驱动下的用户行为时空特征研究具有较强的数据依赖性。为此，学术界已经在用户行为的空间统计与模型分析领域开展了较为深入的研究，提出具有通用性的代表模型，如幂律分布模型（Fisher，2007b；Talagala et al.，2000）、时空关联模型（Li et al.，2017a）、时序分解模型（Li et al.，2018b）等，为进一步挖掘用户行为的驱动机制提供模型支持。

然而网络地理信息系统用户行为时空特征与时空模式的形成背后，蕴藏着复杂的影响因素及动力机制。现有研究从城市空间结构、城市关系结构、城市经济等外部视角及用户访问兴趣这一内部视角分别对用户行为的驱动机制进行探究（陈文静 等，2021），有助于从本质上理解与深度挖掘用户行为模式，为网络地理信息系统服务智能化提供了新的视角。也有研究基于用户行为模式对数据缓存策略（Yang et al.，2011），网络负载均衡策略（Shi et al.，2005）及服务时间预测（Dong et al.，2020）等应用方面进行了优化，有效提升了网络地理信息服务性能，提高了大规模用户密集访问的适应性，增强了用户访问网络地理信息服务的友好度。网络地理信息系统用户行为分析与智能服务方面虽然已有大量的相关研究及应用空间，但仍面临较大的模型理论、技术应用的挑战，可以归结为以下方面。

（1）网络地理信息系统用户行为的时空模式分析方法有待加强。网络地理信息系统用户同时存在时间和空间两类尺度的行为，但是现有的研究方法往往侧重于时间或空间尺度，探究空间上行为的时序变化或是时序上的区域分异。少有研究从时空过程角度来探究用户的行为模式，割裂了时空之间的相关性及其变化特征。此外，模型的通用性与可验证性也是实现较困难的一环。部分模型过于依赖数据驱动，导致模型的复用性降低；而构建的模型能否定量去进行验证，也缺乏更加科学的手段。

（2）网络地理信息系统用户行为具有复杂性与不确定性。这是由其驱动机制的复杂性决定的。外部的影响因素与用户所在的城市空间结构、城市关系结构、城市经济息息相关，内部的驱动更多取决于用户的兴趣。虽然网络地理信息系统用户行为中包含了大量的群体用户兴趣，但从微观角度来看，用户行为中也存在大量的个体用户兴趣差异及不同时段的用户兴趣转移情况，在这些方面的研究还相对处于空白。此外，群体用户中往往包含一些特定领域的用户，其网络访问行为具有显著的差异性。对网络地理空间用户行为的驱动因素难以把握，就难以实现用户行为的精准预测与用户行为模式的科学挖掘。

（3）基于网络地理信息系统用户行为模式的智能服务应用不够深入。当前网络地理信息系统服务存在扩大海量用户访问请求的计算需求与服务质量之间的矛盾。基于用户行为模式有效提升了地理信息服务性能，但是使用的这些模式挖掘方式较为简单，服务性能提升有限。此外，用户行为模式应用到智能服务的领域也依旧较少，主要应用于缓存与负载策略，在其他领域涉猎较少。

8.2 应用展望

8.2.1 网络空间与地理空间交互

信息化的迅猛发展加速了全球范围内各种要素的流动，地理空间对人类的约束作用越来越小，网络空间的地位和作用日益凸显，网络空间与地理空间的相互作用与融合，对"人-地"关系产生系统性影响，逐渐塑造着"人-地-网"的新型纽带关系（高春东 等，2019）。用户在网络地理空间中的行为与其在现实中的地理空间存在空间分异与空间相关性。通过对二者关系的研究，可以挖掘更多基于地理空间的人类活动及相互关系（周成虎，2023），并应用于网络热点事件传播与溯源分析等场景，从而促进网络空间地理学理论、技术与应用的蓬勃发展。

8.2.2 网络地理信息个性化推荐服务提供

用户使用网络地理信息服务平台查询的信息、访问的内容一般是用户最感兴趣的信息，反映了用户的偏好，是认知用户行为规律、理解用户需求最为关键的数据，也是网络地理信息应用中行为研究的主要内容之一。通过对用户行为进行分析，挖掘用户访问特点与兴趣偏好、行为习惯等，如识别用户频繁访问的地理位置，为用户提供相近地理位置的相关新闻推荐服务；对用户搜索位置为景点的行为进行关联地理位置推荐服务等（Phatpicha et al.，2020）。从而为用户提供更加个性化、精准化、多样化服务，满足用户不同层次的应用需求。

8.2.3 网络地理信息计算资源优化

用户访问行为具有群聚性、复杂性和多样性，其访问行为直接影响着网络地理信息系统服务对计算资源的需求。通过对用户行为的分析，识别预测小时间尺度下用户访问的集中爆发时段，设置合理的缓存策略、调度机制与应用服务器集群方式，有效避免因短时爆发的访问行为引发的服务瘫痪，从而提高服务质量，给予用户更好的服务体验。未来工作可以从人类行为模式-地理服务需求-服务性能优化多个角度研究冷热数据存储、服务调度机制，从而提升地理信息服务的功能和性能。

8.2.4 智慧服务引擎构建

GIS 数据的异构性导致地理信息系统平台的数据、技术、管理等流程难以得到标准化统一。基于用户行为分析的智能服务系统构建，有助于搭建政府或企业级地理空间信息智慧服务中心，打造政府或企业的智慧服务引擎，为政府和企业的重大决策、信息公开和互联互通提供技术保障。未来，网络地理信息系统智能服务将广泛应用于智慧城市的各个方面。

（1）服务空间国土规划。基于用户在网络空间中对地理空间的访问行为，结合各项地理空间辅助数据，对国土空间规划具有一定的动态指导作用。比如用户对城市中部分区域的访问率增加，表明用户对该区域的兴趣增加，线下访问概率相应会增加，城市的公共设施、交通设施等服务则需要进行相应增加。

（2）服务城市运营。引入"城市管理运行体征"概念，采用云计算、大数据、移动互联及地理信息等先进信息技术，并结合网络地理信息系统用户的行为特征，实现人地关系结合，全面展示城市管理、运行等数据信息，并予以客观公正的建模分析，打造从监测、管理、预警、分析到决策指挥一体化的城市运营中心，研判城市管理动态，为城市决策者的快速指挥提供辅助决策支持。

（3）服务社会治理。以时空大数据平台中地理空间数据为基础，关联人口、法人、经济等构建块数据，结合网格化社会治理模式，创新社会治理事件的管理方式。网络地理信息系统用户对社会热点事件的行为是非常敏锐的，基于用户空间行为也可以对社会热点事件与舆论进行及时了解与分析，从而为社会治理提供完善的数据支撑。

总而言之，基于网络地理信息系统用户行为分析的智能服务系统为政府、企业的主管领导提供辅助决策与监管的信息化支持，为社会大众提供数据共享的平台，为智慧城市建设和运行提供强有力的支撑。

参 考 文 献

边馥苓, 1996. 地理信息系统原理和方法. 北京: 测绘出版社.

陈迪, 张鹏, 杨洁艳, 等, 2015. 在线地图服务日志的大数据分析. 小型微型计算机系统, 36(1): 33-38.

陈文静, 2021. 网络地理信息服务中用户兴趣迁移模式研究. 武汉: 武汉大学.

陈文静, 李锐, 董广胜, 等, 2021. 网络地理信息服务中用户空间访问聚集行为研究. 地球信息科学学报, 23(1): 93-103

董广胜, 2021. 公共地图服务平台中访问兴趣时空模式研究. 武汉: 武汉大学.

杜坤凭, 康绯, 舒辉, 等, 2013. 基于会话关联的软件网络通信行为分析技术. 计算机应用, 33(7): 2046-2050.

高波, 张钦宇, 梁永生, 等, 2011. 基于 EMD 及 ARMA 的自相似网络流量预测. 通信学报, 32(4): 47-56.

高春东, 郭启全, 江东, 等, 2019. 网络空间地理学的理论基础与技术路径. 地理学报, 74(9): 1709-1722.

龚健雅, 贾文珏, 陈玉敏, 等, 2004. 从平台 GIS 到跨平台互操作 GIS 的发展. 武汉大学学报(信息科学版), 29(11): 985-989.

韩海洋, 龚健雅, 袁相儒, 1999. Internet 环境下用 Java/JDBC 实现地理信息的互操作与分布式管理及处理. 测绘学报, 28(2): 177-183.

何波, 涂飞, 程勇军, 2011. Web 日志挖掘数据预处理研究. 微电子学与计算机, 28(4): 111-114.

李丹, 2007. 基于 ArcGIS Server 平台的 WEBGIS 应用研究. 哈尔滨: 东北林业大学.

李茹, 2019. 网络地图用户地理信息兴趣研究. 武汉: 武汉大学.

李茹, 李锐, 蒋捷, 等, 2019. 网络地图用户访问会话时空特征分析. 现代图书情报技术, 3(6): 1-11.

李锐, 沈雨奇, 蒋捷, 等, 2018. 公共地图服务中访问热点区域的时空规律挖掘. 武汉大学学报(信息科学版), 43(9): 1408-1415.

李锐, 唐旭, 石小龙, 等, 2015. 网络 GIS 中最佳负载均衡的分布式缓存副本策略. 武汉大学学报(信息科学版), 40(10): 1287-1293.

林绍福, 2002. 面向数字城市的空间信息 Web 服务互操作与共享平台. 北京: 北京大学.

孟令奎, 2010. 网络地理信息系统原理与技术. 北京: 科学出版社.

Phatpicha Y, 常亮, 古天龙, 等, 2020. 基于位置和开放链接数据的旅游推荐系统综述. 智能系统学报, 15(1): 25-32.

彭清涛, 孙海永, 2021. WebGL 中在线动态地图服务框架的设计. 科技资讯, 19(36): 7-9.

彭子凤, 任福, 2007. 基于数字深圳空间基础信息平台构筑电子地图服务体系. 地理信息世界, 5(3): 45-50.

邱娟, 汪明峰, 2010. 进入 21 世纪以来中国互联网发展的时空差异及其影响因素分析. 地域研究与开发, 29(5): 28-32, 38.

索晓阳, 王伟, 2019. 基于社交网络数据的用户群体画像构建方法研究. 网络空间安全, 10(9): 55-61.

王东华, 刘建军, 2015. 国家基础地理信息数据库动态更新总体技术. 测绘学报, 44(7): 822-825.

王浩, 潘少明, 彭敏, 等, 2010. 数字地球中影像数据的 Zipf-like 访问分布及应用分析. 武汉大学学报(信息科学版), 35(3): 356-359.

王浒, 李琦, 承继成, 2004. 数字城市元数据服务体系的研究和实践. 北京大学学报(自然科学版), 40(1): 107-115.

吴华意, 李锐, 周振, 等, 2015. 公共地图服务的群体用户访问行为时序特征模型及预测. 武汉大学学报(信息科学版), 40(10): 1279-1286.

吴华意, 章汉武, 2007. 地理信息服务质量(QoGIS): 概念和研究框架. 武汉大学学报(信息科学版), 32(5): 385-388.

徐开明, 吴华意, 2009. 地理信息公共服务平台的用户分类及服务分类. 地理信息世界, 7(3): 12-16, 59.

徐卓揆, 2012. 基于代码迁移的 WPS 服务研究. 长沙: 中南大学.

张晶, 2015. 网络地理信息应用中用户行为数据获取与分析研究. 郑州: 中国人民解放军战略支援部队信息工程大学.

张涛, 翁康年, 邓悦, 等, 2020. 基于网络浏览行为的小众领域用户画像建模. 系统工程理论与实践, 40(3): 641-652.

张望, 2009. 基于 ArcGIS Server 的网络地理信息服务研究与实践. 长沙: 中南大学.

张雪涛, 2017. 基于公共地图访问日志数据的城市热点与商圈探索分析. 阜新: 辽宁工程技术大学.

周成虎, 2023. 地理学赋能网络空间认知. 科技导报, 41(13): 1.

周文生, 2002. 基于 SVG 的 WebGIS 研究. 中国图象图形学报, 7(7A): 693-698.

周振, 2016. 公共地图服务用户城市访问行为研究. 武汉: 武汉大学.

Adamic L A, Huberman B A, 2002. Zipf's law and the Internet. Glottometrics, 3: 143-150.

Adan I J B F, Wessels J, Zijm W H M, 1991. Analysis of the asymmetric shortest queue problem. Queueing Systems, 8(1): 1-58.

Akaike H, 1974. A new look at the statistical model identification. IEEE Transactions on Automatic Control, 19(6): 716-723.

Beilock R, Dimitrova D V, 2003. An exploratory model of inter-country Internet diffusion. Telecommunications Policy, 27(3-4): 237-252.

Bell D G, Kuehnel F, Maxwell C, et al., 2007. NASA World Wind: Opensource GIS for mission operations//2007 IEEE Aerospace Conference, Big Sky, MT, USA: 1-9.

Bohn C A, Lamont G B, 2002. Load balancing for heterogeneous clusters of PCs. Future Generation Computer Systems, 18(3): 389-400.

Chatterjee S, Hadi A S, 2006. Regression analysis by example: Chatterjee/Regression. Hoboken, NJ, USA: John Wiley & Sons.

Daubechies I, Heil C, 1992. Ten lectures on wavelets. Computers in Physics, 6(6): 697-697.

Dharma S D, Aulia W P, Arief S F, 2013. Representing data distributions with a nonparametric kernel density: The way to estimate the optimal oil contents of palm mesocarp at various periods. Mathematics and Statistics, 1(2): 64-73.

Ding Y, Zhang Q, Yuan T, 2017. Research on short-term and ultra-short-term cooling load prediction models for office buildings. Energy and Buildings, 154: 254-267.

Dong G, Li R, Jiang J, et al., 2020. Multigranular wavelet decomposition-based support vector regression and moving average method for service-time prediction on web map service platforms. IEEE Systems Journal, 14(3): 3653-3664.

Fang Y, Jeong M K, 2008. Robust probabilistic multivariate calibration model. Technometrics, 50(3): 305-316.

Fang Y, Si L, Mathur A P, 2010. Discriminative graphical models for faculty homepage discovery. Information Retrieval, 13(6): 618-635.

Fisher D, 2007a. Hotmap: Looking at geographic attention. IEEE Transactions on Visualization and Computer Graphics, 13(6): 1184-1191.

Fisher D, 2007b. How we watch the city: Popularity and online maps. New York: Association for Computing Machinery, Inc.

Folino G, Forestiero A, Papuzzo G, et al., 2010. A grid portal for solving geoscience problems using distributed knowledge discovery services. Future Generation Computer Systems, 26(1): 87-96.

Ganguly A R, Omitaomu O A, Fang Y, et al., 2007. Knowledge discovery from sensor data for scientific applications//Gama J, Gaber M M. Learning from data streams. Berlin, Heidelberg: Springer: 205-229.

Goel G, Hatzinakos D, 2014. Ensemble empirical mode decomposition for time series prediction in wireless sensor networks//2014 International Conference on Computing, Networking and Communications (ICNC). Honolulu, HI, USA: IEEE: 594-598.

Goodchild M F, Fu P, Rich P, 2007. Sharing geographic information: An assessment of the geospatial one-stop. Annals of the Association of American Geographers, 97(2): 250-266.

Guenther R B, 1983. Applying mathematics: A course in mathematical modelling. SIAM Review, 25(4): 588-589.

Halfin S, 1985. The shortest queue problem. Journal of Applied Probability, 22(4): 865-878.

Hao X, Chow K, 2004. Factors affecting Internet development: An Asian survey. First Monday, 9(2). doi: 10. 5210/fm. v9i2. 1118.

Harris R I D, 1992. Testing for unit roots using the augmented Dickey-Fuller test: Some issues relating to the size, power and the lag structure of the test. Economics Letters, 38(4): 381-386.

Holub M, Bielikova M, 2010. Estimation of user interest in visited web page//Proceedings of the 19th International Conference on World Wide Web. Raleigh North Carolina USA: ACM: 1111-1112.

Jaynes E T, 1957. Information theory and statistical mechanics. Physical Review, 106(4): 620-630.

Jin S, Bestavros A, 2000. Popularity-aware greedy dual-size web proxy caching algorithms// Proceedings 20th IEEE International Conference on Distributed Computing Systems. Taiwan, China: 254-261.

Kang C, Ma X, Tong D, et al., 2012. Intra-urban human mobility patterns: An urban morphology perspective. Physica A: Statistical Mechanics and its Applications, 391(4): 1702-1717.

Koralov L, Sinai Y G, 2007. Theory of probability and random processes. Berlin, Heidelberg: Springer.

Krashakov S A, Teslyuk A B, Shchur L N, 2006. On the universality of rank distributions of website popularity. Computer Networks, 50(11): 1769-1780.

Lee D, Choi J, Kim J H, et al., 2001. LRFU: A spectrum of policies that subsumes the least recently used and least frequently used policies. IEEE Transactions on Computers, 50(12): 1352-1361.

Li D, Shen X, 2010. Geospatial information service based on digital measurable image. Geo-spatial Information Science, 13(2): 79-84.

Li R, Dong G, Jiang J, et al., 2019. Self-adaptive load-balancing strategy based on a time series pattern for concurrent user access on Web map service. Computers & geosciences, 131: 60-69.

Li R, Fan J, Jiang J, et al., 2017a. Spatiotemporal correlation in WebGIS group-user intensive access patterns. International Journal of Geographical Information Science, 31(1): 36-55.

Li R, Fan J, Wu H, et al., 2018a. Group-user access patterns and tile prefetching based on a time-sequence distribution in Cloud-based GIS. Computers, Environment and Urban Systems, 69: 17-27.

Li R, Feng W, Wang H, et al., 2014. A new parameter estimation method for a Zipf-like distribution for geospatial data access. ETRI Journal, 36(1): 134-140.

Li R, Feng W, Wu H, et al., 2017b. A replication strategy for a distributed high-speed caching system based on spatiotemporal access patterns of geospatial data. Computers, Environment and Urban Systems, 61: 163-171.

Li R, Guo R, Xu Z, et al., 2012. A prefetching model based on access popularity for geospatial data in a cluster-based caching system. International Journal of Geographical Information Science, 26(10): 1831-1844.

Li R, Liu Z, Wu H, et al., 2018b. Hierarchical decomposition method and combination forecasting scheme for access load on public map service platforms. Future Generation Computer Systems, 87: 213-227.

Li R, Shen Y, Huang W, et al., 2015. Regional WebGIS user access patterns based on a weighted bipartite network. ISPRS Annals of the Photogrammetry, Remote Sensing and Spatial Information Sciences, II-4/W2: 137-141.

Li R, Yang N, Li R, et al., 2017c. Regional disparities in online map user access volume and determining factors. ISPRS Annals of the Photogrammetry, Remote Sensing and Spatial Information Sciences, IV-2/W4: 15-22.

Li R, Zhang Y, Xu Z, et al., 2013. A Load-balancing method for network GISs in a heterogeneous cluster-based system using access density. Future Generation Computer Systems, 29(2): 528-535.

Li S, Dragicevic S, Veenendaal B, 2011. Advances in Web-based GIS, mapping services and applications. Boca Raton: CRC Press.

Limam L, Coquil D, Kosch H, et al., 2010. Extracting user interests from search query logs: A clustering approach//2010 Workshops on Database and Expert Systems Applications. Bilbao, TBD, Spain: 5-9.

Ma J S, Theiler J, Perkins S, 2003. Accurate on-line support vector regression. Neural Computation,